李嘉誠再談做人做事做生意

全新修訂版

前言

「成功」是許多人終其一生所追求的最高境界。但是並不是每個人都能享受到它。很多人雄心勃勃爲自己訂下了人生的目標，並且兢兢業業地努力工作，但卻事與願違。他們或許從來就沒有實現過自己的夢想、目標和渴望。這究竟是爲什麼？各人有各人的原因，但其中有一點可能是共同的：沒有摸清做人、做事的門道。

成功依靠實力，這是人所共知的道理。但是，所謂「實力」並不像一般人想像的那樣，是金錢，是關係，是學歷。通常人們看待成功人士，也往往只看表面，專注於人家一時的運氣和做事業的客觀條件，卻忽略了人家賴以成就大事的內因，忽略了成功背後所付出的努力和多年的辛苦修練。

香港商界超人李嘉誠，是一位可供研究的成功典範。這位樸實厚道的香港人，從做茶樓小二起家，連小學學歷都沒有，居然能在幾十年時間裡，建立起一個龐大的財富帝國，成爲香港歷史上首位「千億富翁」。如今，他的財產仍在以幾何級數增長。他在商業領域的每一個舉動，都爲世人極度關注。由於他非凡的商業成就，他被美國《時代》雜誌評爲全球最具影響力的商界領袖之一。香港《資本》雜誌推舉他爲香港十大最具權勢的財經人物之首。李嘉誠所創造的奇蹟，讓全世界的人仰慕、驚嘆。

走過人生第七十個年頭，李嘉誠開始總結自己的經商生涯，向世人道出了自己成功的祕密。他在多個場合發表有關做人、做事、做生意的言論，常常令人如飲醇醪，茅塞頓開；使人如夢方醒，耳目一新。

聽其言，觀其行，研究其走上成功之路的歷程，我們可以得出以下結論：

一個體面的人，一個有尊嚴的人，一個彬彬有禮的人，一個和善可親的人，到處都會受到人們的歡迎，凡是與他們交往的人，也都會覺得親切愉快。一個人一旦擁有了這種品格，無疑是爲自己增添了無窮的成功之機緣。這就是李嘉誠成功做人的祕密。

一個聰明機智的人，一個做事有板有眼的人，一個養成一身良好的習慣、消除了事業障礙的人，一個虛心勤奮肯於鑽研的人，一定會在人生、事業的道路上步步走高，從而擁有很好的前程。這就是李嘉誠成功做事的祕密。

一個有生意頭腦的人，一個能洞察行情的人，一個有著良好人際關係的人，一個具有良好經商心態的人，就會在商場上左右逢源，穩步發展，天天向上，財源廣進。這就是李嘉誠成功做生意的祕密。

老老實實做人、踏踏實實做事、實實在在做生意，這就是做人、做事、做生意的鐵定規律，是立身處世的法寶，是縱橫商場常勝不敗的奧祕。李嘉誠遵循這些規律行事，因此成爲一個舉足輕重、魅力與實力並存的人物。而許多人終其一生都無視這些規律，那麼，他或許可能得意於一時，最終卻一事無成，說不定還要栽個大跟斗。

目錄

做人篇

一個體面的人，一個有尊嚴的人，一個彬彬有禮的人，一個和善可親的人，到處都會受到人們的歡迎，凡是與他們交往的人，也都會覺得親切愉快。一個人一旦擁有了這種品格，無疑為自己增添了無窮的成功的機緣。這就是李嘉誠成功做人的祕密。

做事篇

一個聰明機智的人，一個做事有板有眼的人，一個養成一身良好的習慣、消除了事業障礙的人，一個虛心勤奮肯於鑽研的人，必定會在人生、事業的道路上步步走高，從而擁有很好的前程。這就是李嘉誠成功做事的祕密。

做生意篇

一個有生意頭腦的人，一個能洞察行情的人，一個有著良好人際關係的人，一個具有良好經商心態的人，一定會在商場上左右逢源，穩步發展，財源廣進。這就是李嘉誠成功做生意的祕密。

做人篇

一個體面的人，一個有尊嚴的人，一個彬彬有禮的人，一個和善可親的人，到處都會受到人們的歡迎，凡是與他們交往的人，也都會覺得親切愉快。一個人一旦擁有了這種品格，無疑是為自己增添了無窮的成功之機緣。這就是李嘉誠成功做人的祕密。

第一章　商界新人必備的素養

管理企業要有領袖素質

從一個企業的發展可以看出企業管理者的素質高低，但相關素質並不是天生而來的，而是在實踐中學習鍛鍊而來的。李嘉誠就是在自己的創業過程中逐漸累積了管理企業的素質和經驗。

李嘉誠曾經與中文大學工商管理碩士課程的學生座談，題目是領導才能。他說，要成爲領袖，基本的素質一定要有，小企業每樣事情都要親身處理，所謂「力不到、不爲財」；至於中型至大型企業，則一定要有組織。而最難做到的就是要建立一個良好的信譽、建立主要行政人員對公司的信任，令他們知道在公司會有更好的前途及薪水。同時，也要讓同事明白他們薪水與分紅愈多時，他們的生產能力要同時配合，這樣公司才能夠維持。

拿什麼來確定一個人是否是最優秀的呢？當然，大量的業績很重要，但這只是一個因素。根據對企業內涵和組織領導藝術的廣泛研究，同時輔以多年的專業經驗，我們總結出，優秀的企業領導人要符合十種定量和定性的衡量標準。

具體說來包括：

1、有良好的長期財務業績。

2、顯示出遠見卓識和戰略眼光。

3、表現出戰勝挑戰的能力。

4、具有出色的組織才能和人事交往能力。

5、表現出正直、堅毅的品格。

6、具有企業家精神和開拓精神。

7、對企業或社會擁有明顯的影響力。

8、擁有革新的記錄。

9、堅持以顧客爲中心。

10、顯示出對多樣性和社會責任感的眞正認同。

李嘉誠認爲，一個企業領導人如果要獲得成功，必須在一定程度上完全具備這十種素質。

一位著名的領導學研究專家指出，大多數企業領導人都致力於創造一個偉大的結果，而更勝於結果本身。我們發現這個情況比我們所預想的更爲確實。傳統上對於公司業績的評價、流通股數、股票價格等等可以說是公司領導人短期內的基本關注點。但是那些成功企業的領導人，他們爲了達到最終目的，每天主要關注的是：

其一，誠實與實做；

其二，發展成功戰略或「宏偉計畫」；

其三，建立強大的管理隊伍；

其四，激勵員工追求卓越；

其五，創造一個靈活、有責任心的組織；

其六，將強化管理與薪酬體系緊密結合起來。

在上面的六條必須關注的事情裡，李嘉誠自始至終都投入了較大的精力和熱情，這就使得企業越來越具有活力，而且他的前景變得越來越明朗。

善於合作

合作是所有組合式努力的開始。一群人爲了達成某一特定目標，而把他們自己聯合在一起。拿破崙·希爾把這種合作稱之爲「團結努力」。「團結努力」的過程中最重要的三項因素是：專心、合作、協調。

如果一家法律事務所只擁有一種類型的思想，那麼，它的發展將受到很大的限制，即使它擁有十幾名能力高強的人才也是一樣。錯綜複雜的法律制度，需要各種不同的才能，這不是單獨一個人所能提供。

因此，只是把人組織起來，並不足以保證一定能獲得創業的成功。一個良好的組織所包含的人才中，每一個人都要能夠提供這個團體其他成員所未擁有的才能。

幾乎在所有的商業範圍內，至少需要以下三種人才，那就是採購員、銷售員以及熟悉財務的人員。當這三種人互相協調，並進行合作之後，他們將經由合作的方式，而使他們自己獲得個人所無法擁有的力量。

許多商業之所以失敗，主要是因為這些商業擁有的是清一色的銷售人才，或是財務人才，或是採購人才。就天性來說，能力最強的銷售人員都是樂觀、熱情的；而一般來說，最有能力的財務人員則理智、深思熟慮而且保守。這兩種人是任何成功企業所不可缺少的。但這兩種人若未能彼此互相發揮影響力，對任何企業都不會產生太大的作用。

即使你是「天才」，憑藉自己的想像力也許可以獲得一定的財富。但如果你懂得讓自己的想像力與他人的想像力結合，就定然會產生更大的成就。我們每個人的心智都是一個「獨立的能量體」，而我們的潛意識則是一種磁體。當你去行動時，你的磁力就產生了，並將財富吸引過來。但如果你一個人的心靈力量與更多「磁力」相同的人結合在一起，就可以形成一個強大的「磁力場」，而這個磁力場的創造力將會是無與倫比。

在生活中，大家也許會有這樣的機會：假如你有一顆蘋果，我也有一顆蘋果，兩人交換的結果，每人仍然只有一顆蘋果；但是，假如你有一個構想，我有一個構想，兩人交換的結果就可能是各得兩個構想了。

同理，當獨自研究一個問題時，可能思考十次，而這十次思考幾乎都是沿著同一思維模式進行。如果拿到研究所去研究，從他人的發言中，也許一次就完成了自己一人需要十次才能完成的思考，並且他人的想法還會使自己產生新的聯想。

一加一大於二是個富有哲理的不等式，它表明集體的力量並不單是個人累加之和。經營者要善於激發集體的智慧和力量，而不是隨意扼殺它們。

這種集思廣益的思維方法在當代社會已被普遍應用，它能填補個人頭腦中的知識空隙，能通過互相激勵、互相誘發，產生連鎖反應，擴大和增加創造性設想。一些歐美財團採用群體思考法提出的方案數量，比單人提出的方案多百分之七十。

可見，一個好的創意的產生與實施，創業者光靠自身的力量和努力是不夠的，必須集思廣益，必須在自己周圍聚攏起一批專家，讓他們各顯其能，各盡其才，充分發揮他們的創造性作用。

如果沒有其他人的協助與合作，任何人都無法取得持久性的成就。當兩個或兩個以上的人在任何方面讓他們自己聯合起來，建立在和諧與諒解的精神上之後，這其中的每一個人將因此倍增他們的成就能力。

這項原則表現得最爲明顯的，應該是在老闆與員工之間保持完美團隊精神的工商企業。在你發現有這種團隊精神的地方，你將會發現雙方都很友善，企業自然繁榮。

合作（Cooperation），被認爲是英文中最重要的一個單字。在家庭事務中、在夫妻關係中、在父母與子女關係中，「合作」這個詞，扮演了一個極重要的角色。由於這個合作的原則十分重要，因此，任何一位創業者如果不從領導才能中了解及運用這項原則，他將無法堅持及持久。

因爲缺乏合作精神而失敗的工商企業，比因爲其他原因而失敗的更多。各色各樣的工商企業因爲衝突及缺乏合作原則而告失敗甚至毀滅。研究者不難發現，缺乏合作精神一直是各時代人類的一大災禍。爲了更好地創業，使之走向成功和輝煌，良好的合作不可須臾或缺。

李嘉誠金言：如果一個生意只有自己賺，而對方一點也不賺，這樣的生意絕對不能做。

文化修養高

從表面上來看，經商難免言商、追求盡可能高的利潤，而文化人本來恥於言利言商，二者似乎是不相容的。其實並非全部如此。

第一，文化和經濟有相通之處，比如中國儒家的思想學說。道德觀念對於現代的經濟管理和社會經濟發展也有積極影響。如今很多成功的海外華商都信奉儒學教義，具有儒商風範。他們的高明之處在於，深知做生意和做人一樣，都要講德行，富貴不淫，生活節儉；在商務交際中重信譽、守信用，以誠待人。在商業經營中，他們重視天時、地利、人和的關係，能以仁愛之心對待同事、員工，使企業內部團結一致，充滿祥和的氣氛。

第二，商人多一點書卷氣，不僅能夠在交際中多一些談話趣味，容易給人信任感，更重要的是本人也多幾分自信和選擇，在交際中善進善退，應付自如。在現代社會中，商界也頗講究知名度。而知名度也更明顯體現出一種商業價值，在這種情況下，生意人本身的文化修養在商務交際中的意義就越來越大，成爲一種看不見的財富。

其實，具有學者風範又精通經商之道的人古已有之。像子貢、范蠡、司馬相如等，都可以說是中國古代的儒商。到了明清之際，中國手工業發達，商品經濟開始萌芽，儒與商的結合就更加密切了，很多儒士經商取得了很大成功，名聲大振。而在商界，做生意不忘「雅好詩書」，互相詩文酬唱，形成了中國文化中獨特的儒商傳統。

可見，具有儒商風範在商務交際中很有優勢。就是根據常理來說，誰都不喜歡毫無趣味、滿身都散發出銅臭的人。因此生意雖然是生意，但是人在做生意中總喜歡多一份別的趣味，給人生多添一種風采。

當然，要有儒商風範，就必須時時處處注意學習，提高自己的文化修養和知識水準，這是不言自明的了。

有不斷學習的能力

在這個日新月異、網路資訊技術日益升溫的今天，你如果不學習、不充電，那麼很快你就會落伍，被這個時代拋棄。因此，無論在何時何地，每一個現代人都不要忘記給自己充充電。尤其是在競爭激烈的工商業界，個人更必須隨時充實自己，奠定雄厚的實力，否則便難以生存下去。一個有幹勁的人，時不時地充充電，就不會被社會所淘汰。

古代著名的大教育家孔子就常常強調幹勁及學習的重要性。在孔子的眾多弟子中，並非每一位都充滿幹勁，都勤奮好學。例如，宰予雖然有一副絕好的口才，但卻怠於學習。對於宰予，連孔子也不禁搖頭嘆道：「朽木不可雕也。」再多的責罵，這種人也是難改其性，可以說這種人是不可救藥之徒，終將被社會所淘汰。

在學習的過程中，除了幹勁以外，還需要有另一種觀念，即學習充電的觀念，尤其在現在這個時代，「學而不思則罔，思而不學則殆」，正是最好的啓示。然而書本的知識只是基礎，必須再以自己的理解力將其消化吸收才行，社會是更大的一本書，需要經常不斷地去翻閱。須知，在現代社會中，不充電就會很快沒電。

現代生活的變化迅速，節奏加快，要求我們必須抱定這樣的信念：活到老學到老。你也應該記住：一步也不放鬆的人，是最難勝過的勁敵。

我們常會有「那個人是屬於大器晚成型」之類的話，意思是說，他現在雖然並不怎麼樣，但日後總會成功的。

同樣站在新的場所工作，有人能立刻得到要領而靈巧地掌握，這實在是很難得，但這種人往往在中途就做不下去，甚至退步變壞。

與此相反，起先摸不清情況而不順暢的人，經多方請教前輩或上司，同時自己也認眞用功並繼續保持這種態度，大致都會獲得很大的成果。

人都是由許多人的幫助與指導才逐漸成長的。比如雙親、師長、朋友等的指導，在適當的時機恰當地施予，才能完成一個人的正常成長。

可是，更重要的是對這種幫助與教導要自動去學習吸收。

大多數人從學校畢業後進了社會就失去進修的心，這種人以後是不會再有什麼進步的。反之，學生時代即使不顯眼，但步入社會後仍然勤勉踏實地自覺學習應學的事，往往都會有長足的進步。

能繼續保持那種態度的人只有進步沒有停頓，他一定能一步一步隨著歲月踏實地發展，經過一年就養成一年的實力，經過兩年就養成兩年的實力。進而十年、二十年、三十年，各養成與其時間相稱的實力。這種人才是眞正的「大器晚成」。工作每天都有新情況、新挑戰，你每天都要面對新事物，學習與生活相伴，生活就是學習。

對一份工作，許多人做一段時間就覺得沒意思了，想換一份工作，而換一份工作就得有條件、有實力，實力來自自身。現代社會的機會很多，你只要天天學習，你就天天有進步，就會天天有機會，你的生活就會富有生機。

假如你不想跳槽，想把現在的工作當作一生的工作，那應以何種態度應付呢？如果因爲目前的工作進行得很順利就感到很放心，每天悠哉悠哉地過安逸日子，那麼目前的情形就不一定能維持很久了，失敗的日子一定不遠了。

與此相反，能將這份工作當作一生的工作而埋頭苦幹，不斷進修、不斷創造新的東西，始終能「活到老學到老」，他的進步一定是無止境的。這種人就能日日以清新愉快的心，有效地做自己的工作。這樣自然就有希望，不至於失去理想，當然也不覺得疲倦了。

而這種人對自己的工作會有一股拿生命做賭注的熱忱，他把自己的使命刻在心裡，爲了使命，甚至願意捨命去完成。

做有心人才能成功

有一句大家都知道的話：「成功的大門總是只向有心人敞開。」李嘉誠的成功就是這句話應驗的實證。當年輕的李嘉誠自立門戶要生產當時走俏的塑膠花時，他所遇到的技術難題使其一籌莫展，無可奈何之下，他想到了親自上門向國外學習新產品技術這一招。

一九五七年春天，李嘉誠揣著強烈的希冀和求知欲，登上飛往義大利的班機去考察。他在一間小旅社安下身，就急不可待地去尋訪那家在世界上開風氣之先的塑膠公司地址，經過兩天的奔波，李嘉誠風塵僕僕地來到該公司門口，但卻戛然卻步。

他素知廠家對新產品技術的保留與戒備。也許應該名正言順購買技術專利，然而，一來，長江廠小本經營，絕對付不起昂貴的專利費；二來，廠家絕不會輕易出賣專利，它往往要在充分占有市場，賺得荷包滿滿，直到準備淘汰這項技術時方肯出手。

情急之中，李嘉誠想到一個絕妙的辦法。這家公司的塑膠廠招募工人，他去報了名，被派往工廠做打雜的工人。李嘉誠只有旅遊簽證，按規定，持有這種簽證的人是不能夠打工的，老闆給李嘉誠的工薪不及同類工人的一半，他知道這位

「亞裔勞工」非法打工，不敢控告他。

李嘉誠負責清除廢棄物，他能夠推著小車在廠區各個工段來回走動，雙眼卻恨不得把生產流程呑下去。李嘉誠十分勤勞，工頭誇他「好樣的」。他們萬萬想不到這個「下等勞工」，竟會是「國際間諜」。李嘉誠收工後，急忙趕回旅館，把觀察到的一切記錄在筆記本上。

整個生產流程都熟悉了，可是，屬於保密的技術環節還是不得而知。李嘉誠又心生一計。假日，李嘉誠邀請數位新結識的朋友到城裡的中式餐館吃飯，這些朋友都是某一流程的技術工人。李嘉誠用英語向他們請教有關技術，佯稱他打算到其他廠應徵技術工人。

李嘉誠透過眼觀耳聽，大致悟出塑膠花製作配色的技術要領。最後，李嘉誠到市場去調查塑膠花的行銷情況，驗證了塑膠花市場的廣闊前景。

平心而論，以今天的商業準則衡量李嘉誠當年的行爲，似乎不太妥當。但在那個時代，偷師和模仿是很普遍的現象，無可厚非，李嘉誠創大業的雄心勇氣和他隨機應變的精明，對我們不無啓迪。

健全的人格心理

良好的身體，不僅包含強健的體格，還包含健康的精神。只有精神健康的人，才會不斷地戰勝自己，創造機會，把自己的事業推向成功。

一個精神健康者，應該具有如下特徵。

1、誠實

他們說話做事光明磊落，從不模棱兩可或用謊言欺騙人，也從不欺騙自己。他們認爲，要生活就應該做生活的強者，要麼活得轟轟烈烈，要麼活得平平淡淡，但無論什麼樣的生活，都應能顯示出一個眞實來。

2、自信

具有健康精神的人非常有自信，他們不喜歡生活在別人的陰影之下，他們希望靠自己的奮鬥、自己的能力，拚搏出一塊屬於自己的天地來。因此他們不斷地學習，補充自己的能量，不斷地超越自我，奮鬥在事業的第一線。這樣的人，有良好的人際關係，但決不依賴，他們具有自己的價値觀和世界觀，也尊重別人的價值觀和世界觀。

3、自立

具有健康精神的人，在生活中從不處於被動地位，他們不會因爲別人的鼓勵而改變思想，也不會因爲別人的憎恨而停止實踐，他們會在自己的信念下，用自己的方式，堅定不移地完成自己的事業。

4、充滿活力

精神健康的人，休息時間似乎比別人少得多，但他們精神飽滿，富於激情，任何時間都有事可做，大部分時間都在工作中度過。他們做事從不疲倦，而且能發揮自己的能量，具有超人的毅力，也從沒因工作而累壞身體。在生活中，也總是充滿活力，永不厭倦。

5、熱愛生活

精神健康的人，總是以飽滿的熱情投入到生活中去，認眞地完成自己的工作，正確對待現實。用愉快的心情、積極的努力來改變現實，從中獲得樂趣，享受生活。

6、風趣、幽默

精神健康的人，是一個心胸寬廣、樂觀活潑的人。在生活中，總是以風趣、幽默來代替呆板、乏味，從而激發人的活力，消除人與人之間的隔閡。他們會創造一種樂觀向上的生活局面，激勵人在逆境中奮進，和這樣的人生活在一起，你也會被他的活力感染，會覺得生活更快樂。

7、善待失敗

一個人的一生，不可能總是由成功鋪成，肯定有諸多失敗做先導，如果不能正確對待失敗，人就要走向失敗。

精神健康的人，不怕失敗，認爲失敗是局部，是成功的前奏，他們善於在失敗中尋找教訓，獲得經驗，然後再征服失敗。同時他們認爲，所謂的失敗，只不過是別人對你的評價而已，完全不影響自己的價值。從另一個方面來講，失敗又是人身價值的一種體現。

8、勤勤懇懇

精神健康的人，能正確地看待個人與他人、個人與社會的關係，能把自己放在一個正確的位置上，踏踏實實，不怕吃苦，勤勤懇懇地奮鬥，一步步地接近自己的目標，從不好大喜功、華而不實。

9、勇於探索

精神健康的人，始終保持著一顆年輕的心，對事情好奇、嚮往，追求眞理。他們不會在乎前進中會有多少挫折，更不會被困難所嚇倒，他們憑著對眞理的追求，披荊斬棘，對什麼事情，都要親自去試一試，找到答案。

10、嚮往明天

精神健康的人，不會悔恨過去。他們清楚地知道，過去的已經過去，過去的失敗即使再悔恨也無法成功，只有在失敗中找出教訓，才能有益於成功。

精神健康的人，也不會憂患未來。未來是一個未知數，爲未來而憂慮，是毫無意義的。

精神健康的人，把希望的種子播種在今天，用今天的勤勞，來孕育明天的希望。

李嘉誠金言：一個人憑自己的經驗得出的結論當然是好，但是時間就浪費得多了，如果能夠將書本知識和實際工作結合起來，那才是最好的。

良好的溝通能力

人生活在這個世界上，要與周圍環境發生各種各樣的關係。人際關係的構成、範圍、和諧的程度，是一個商人成功的重要條件。有人曾這樣說過：一個人的成功，百分之三十靠他的知識和能力，百分之七十靠的是他的人際關係。

人際關係離不開溝通，其中包括人與人之間的溝通，組織與組織間的溝通。人與人之間的溝通又包括內部人際關係的協調與外部人際關係的建構。要使溝通達到最大的效能，最好採取支持性的態度，不要採取防衛性的態度。

在一輛擁擠的公共汽車上，你不小心踩了別人一腳，正想帶著歉意的微笑說聲「對不起」時，對方卻怒目橫視地喊道：「你瞎了眼啦？」對方的態度使你只好三緘其口。在同樣的情況下，如果對方被踩了一腳後，他仍微笑著說：「沒有關係。」你是否除了道歉一聲外，還會覺得更不好意思呢？甚至下意識地告誡自己下次要小心，別再踩到了別人呢？

如果一位公司的業務主管在檢查下屬的工作成績時說：「你不知道我們老闆多麼難討好！我實在不知道要怎樣向他報告。」那麼這位主管的話不僅引起下屬的焦慮不安，而且很可能會造成公司員工的士氣低落。反之，如果這位主管說：「你們確實花了很大的功夫做了，我將盡我個人的力量向老闆詳細報導你們的成績。」那麼這段話眞有使員工們鬆一口氣的感覺。

有較大影響力的經理是那種有高度溝通能力的人。溝通能力並不侷限於說的能力，聽、讀和寫的能力也幾乎同樣重要。

可以在最短的時間內就建立起最大影響力的就是演講能力，在大眾面前說明一個構想是一種非常重要的影響力。其次就是在一小群人面前，說明一個想法、交換意見，並且能夠贏得別人贊同的能力。

一位經理在講台上的表現，會直接影響到他的觀點是否被人接受。如果他說話時能夠表現出信心，別人會愼重地考慮他的構想。相反，別人就會認爲不值得考慮。很多優異的構想往往只因爲說話人呑呑吐吐、口齒不清，或語氣不肯定，而遭人拒絕。

不能因爲強調講台上的演講，而忽略了會議桌上說和聽各占一半的說話能力。這種能力涉及到經理是否能提出適當的問題，從而促成對方參與。一位能在群體討論中妥當應付的經理，才可以發揮影響力。

經理不但要參加會議，也要主持會議。當然擔任主席的經理還必須致開會詞，有所解釋，以及控制發言，但最重要的則是鼓勵大家的參與。

此外，傾聽能力也非常重要。無論是在群體或是個別談話中，應做到不但能叫別人說出其觀點，而且能夠使別人同意自己的觀點。

溝通能力對於一位經理所能達到的影響力有著重要作用。然而知道何時溝通，以及溝通什麼也同樣重要。溝通能力強的經理願意交換資料、實話實說，並且知道自己對事物的感受。這些會幫助經理建立起誠實的信譽。

有效而流暢的溝通是一個企業經理成功的重要條件之一。作爲經理，他不僅要有效地讓全體員工清楚了解企業的經營觀念、經營目標、經營方針和經營計畫，還要善於聽取他人的意見，以便了解下屬的願望、痛苦和擔憂。經理若不善於傾聽下屬的批評，就容易鑄成大錯。它使經理不能和下級搞好關係，最終導致經營上的失敗。

曾有一著名企業家集自己一生的經驗提出：企業家必須和部屬澈底溝通，才會具有效率和創意。

企業家進行溝通，不僅表現在對企業內部上下左右關係的疏通，而且還表現爲對企業與其外部關係的疏通，包括企業與顧客、供應商、代理商，以及政府機構的疏通。現代企業幾乎沒有一個不是在與外部環境相互作用的條件下生存與發展的。因此，企業與外部環境的關係如何，對企業具有決定性意義。

對於企業家來講，親自建立、協調企業與外部的關係是再適合不過的了。因爲除他之外，沒有人能夠擔當此任。企業家爲企業建立起良好的社會關係，實際上就是爲企業創造了良好的生存環境。

多謀善斷

決策者的水準高低取決於自身的修養，為了提高決策水準，他要樹立不斷創新的思想，並克服因循守舊、墨守成規的思想，要有淵博的知識。當然，一個成功者還必須具有分析、判斷能力。

分析、判斷能力，主要在於是否能深刻認識事物間的內在關係及事物的本質屬性和發展規律，成功者掌握這種能力，有助於在紛繁複雜的各種事物中，透過現象看清本質，從而抓住主要矛盾，運用創造性思維方法進行科學的歸納、概括、判斷和分析，舉一反三，觸類旁通，找出解決問題的關鍵所在。

是否能在一大堆急於要辦的工作中，分清孰重孰輕，哪些需要自己去辦，哪些需交給下屬去辦，就能夠有助於在錯綜複雜的人際關係中，準確地判斷各個層次、各個類別的人員個體和群體的德才情況、思想態度和相互關係，然後區別情況，分別調動他們的積極性和主動性。

分析、判斷能力還有助於使領導者遵循事物的發展規律，預測到未來事物的發展變化，據此分析判斷自己的所在單位、自己所做的工作在整個宏觀布局上的位置，以及與社會潮流的關係，從而作出相應的正確決策。

一位商人分析、判斷能力的高低，直接決定他的能力素質。前英國首相邱吉爾以其不凡的分析、判斷能力，力主對德作戰，其功績永載史冊。當今社會，面對瞬息萬變的資訊、捉摸不定的局勢，商人在分析、判斷能力上應該有更高的要求。

商人的日常活動中，有一項便是要經常作決策，因此領導者往往需要較強的決策能力，即商人決定採取哪一種最有效方式的決斷能力。

其一是需要有選擇最佳方案的決策能力。決策就是方案選優。不過，這個選擇不是簡單地在是非之間挑選，而往往是在一種方案不一定全優於其他方案的情況下進行。科學決策必須建立在對多種方案對比選優的基礎上，這就要求領導者具有方案對比選優的能力。

二是需要有風險決策的精神。客觀情況往往是紛繁複雜的，有一些情況是不可能讓人事先作出百分之百正確判斷的。現實生活中，商人常常遇到的是一些不確定型、風險型的決策，這就要求決策者有敢想敢幹、敢冒風險的精神，不能追求四平八穩更不能因循守舊。

三是要有當機立斷的決策魄力。「當斷不斷，反受其亂」。決策是不能一拖再拖的，他需要在有效的時間、地點內完成。否則，正確的決策一旦過了時間就會成爲錯誤的方案。

當機立斷的決策魄力是商人必備的能力。商人善於當機立斷，有敏捷的思維，才能在複雜多變的情況下應付自如。艾森豪就是在緊急關頭善於當機立斷而取得成功的典範。現代社會是資訊社會，資訊瞬息萬變，機會稍縱即逝。尤其是在實行市場經濟的今天，市場形勢變化多端，就更需要現代領導人善於抓住機會，當機立斷，取得成功。但是當機立斷不等於盲目衝動地喊打喊殺。正確的分析、判斷才是當機立斷的首要條件。

李嘉誠金言：身處在瞬息萬變的社會中，應該求創新，加強能力，居安思危，無論你發展得多好，時刻都要做好準備。

敢冒風險

經營企業要敢於冒風險。一個成功的企業家，他經歷最多的，也就是冒險的經歷。美國著名的《商業月刊》（Business Month）評選出二十世紀八〇年代最有影響的五十名企業界巨頭，他們所具備的基本素質第一條就是最富有冒險精神，敢於冒風險，不怕摔跟斗，不怕失敗。失敗了找機會再起，是現代企業家應具備的觀念。

當然，冒風險不是提倡盲目瞎做，企業家的風險觀念和冒險精神是以科學根據爲基礎的。

1、鼓勵冒風險，敢於擔風險

有風險才會有機會，風險越大機會越多，取得的成果也越大。既然是風險，就說明成功與失敗的可能性都有。如果此時有人把握時機，冒險前進，就會捷足先登。國外許多著名企業家，都是最初靠借錢起家，幾經風險，取得今天的成功。

2、危機能促進成功

冒風險就免不了失敗，激烈的競爭中，誰也不能說自己永遠是勝利者。美國著名的福特汽車公司幾十年來，從頂峰到底谷，再從低谷到高峰，成功、失敗，再成功。這就是企業經營的特徵。

3、冒風險是競爭取勝的訣竅

在競爭中要取得勝利，靠什麼?靠經營管理，靠產品的高品質和良好的服務。這些策略，對每一個競爭對手都一視同仁，機會均等。除此之外，還要靠敢於冒風險。事實證明，誰敢於承擔風險，在競爭中誰就掌握了戰勝對手的法寶。

4、平靜意味著更大的風險

在激烈競爭的市場經濟中，一味地追求安穩、萬無一失，不冒一點風險，這實際上就等於失敗。「生於憂患，死於安樂」。因此，企業家即使在順境中，也要居安思危。日本日立公司的創始人小平浪平有一句座右銘：「生年不滿百，常懷千年憂。」這足以引起企業領導人的重視。

5、有備才能無患，多思可以應變

風險決策，並不是盲目決策。風險所帶來的成功機會，說到底，在平時就反映出來了。加強企業的調查，搞好預測工作，重視資訊的靈敏，認眞總結各種經驗，這些都爲承擔風險、抓住機會、避免錯誤作了充分準備。只要做到有備、多思、胸中有數，就可以冒險而取勝。

李嘉誠金言：決定一件事時，事先都會小心謹慎研究清楚，當決定後，就勇往直前去做。

政治嗅覺很重要

一九六五年，「中共即將武力收復香港」的謠言四起，香港人心惶惶，觸發了自二戰後第一次移民潮。移民以有錢人居多，他們紛紛賤價拋售物業，司徒拔道一幢獨立花園洋房竟賤賣六十萬港元。新落成的樓宇無人問津，整個房地產市場賣多買少、有價無市。地產、建築商們焦頭爛額，一籌莫展。

擁有數個地產、物業的李嘉誠憂心忡忡。他不時看報紙，密切關注事態發展。香港傳媒透露的全是「不祥」消息。李嘉誠知道，香港的「五月風暴」與中國的文革有直接關係。那時，不少中國群眾組織小報通過各種管道流入香港，李嘉誠從中獲悉，中國春夏兩季的戰鬥高潮，自八月起，漸漸得到控制，趨於平息。那麼，香港的「五月風暴」也不會持續太久。

作爲資產者，最關注的莫過於「中共會不會以武力收復香港」。「不可能，中共若想武力收復香港，早在一九四九年就可趁解放廣州之機一舉收復，何必等到現在？香港是大陸對外貿易的唯一通道，中共並不希望香港局勢動亂。」

經過深思熟慮的李嘉誠，毅然採取驚人之舉：人棄我取，趁低吸納。

李嘉誠又一次判斷正確。中國文革結束後，一九七七年，這是李嘉誠事業上不尋常的一年。香港境外的大氣候由陰轉旺，世界性石油危機已成爲歷史。中國已從十年文革動亂中走出來，提出四個現代化口號，顯現出改革開放的端倪。

香港經濟以百分之十一點三的年增長率持續高速發展。百業繁榮刺激了地產的興旺。地產的興旺，又帶動整個經濟的增長。地產成爲香港的支柱產業，舉足輕重，李嘉誠以他豐富的經商經驗和敏銳的政治嗅覺，爲自己的地產事業又添上了輝煌的一筆。

出色的領導才能

成功的老闆總是能夠很出色地完成自己的工作：估計商業形勢，籌劃改組，解僱員工，改革銷售代表的報酬，積聚謀求擴展的實力，解決勞資糾紛，處理複雜的人際關係等等。如此之多的工作需要老闆出色地完成，這就必須要求老闆善於工作。

所謂善於工作，就是說既要是專家，又要是通才。

專家的意思是，你要在對公司極爲重要的一兩個領域內，如金融、行銷、法律、工程技術方面極其精通業務。如果你不知道哪些方面對你的公司至關重要，你要把它們找出來。如果可能的話，選擇一個你喜歡，而又是公司所需要的專業鑽進去，學深學透。「如果你不摸透一門專業，你就會在商海裡迷失方向。」一位老闆這樣說。對某些事情，盡可能多了解一些，使自己成爲專家。

所謂通才，就是說，你既要了解自己的專業，又要對別的多種專業也有所了解。作爲一個老闆，你每天所作的許多決定都涉及到你專業以外的事情。如果你不對其他事情都有一點了解，那麼，你連提問題都不知道怎麼提。

做一個成功的老闆，你還必須在兩者之間保持平衡：一方面發揮你的通才特點；另一方面你必須在你的專業領域內表現得非常出色。

老闆的另一項重要素質是樂於領導。作爲一家公司的首腦，如果你縮手縮腳不願去領導別人，後果是不言而喻的。

有人對領導作用作了這樣的描述：「當需要拉車的時候，一個好的領導能使大家勁往一處使，朝著同一個方向拉。」

有人說領導是天生的，還有一些人說，領導人是透過學習而形成的。不管怎麼說，反正你必須願意出來領導才行，願意走到前台來，願意像一個眞正的老闆那樣承擔風險。

要做到樂於領導你必須首先做到以下三點：

1、為你的員工樹立明確的目標

老闆對發展前途要顯得心中有數，這可以給下面的人注入信心。要明確地說：「我希望（或者我不希望）你們現在做這件事。」沒有任何含糊不清的地方：什麼人？你們；什麼事？這件事；什麼時候？現在。在你的注視下，做什麼事或不做什麼事，有明確的界限，使人們找不到藉口。

成功的老闆知道需要下屬做什麼，當這些目標沒有達到時，他們可以指出來。他們可以進行建設性批評，加以糾正，但不要指責和進行人身攻擊。如果傷了人家的自尊心，那會使人抬不起頭或在背後跟你對著幹。

如果人家完成了預定的任務，老闆應加以表揚，這是自不待言的。聰明的領導人往往讓下屬無意中從第三者那裡聽到表揚。

2、合適的形體語言

老闆常常使用非語言的溝通手段，他們傳達好消息和壞消息的時候，總是保持輕鬆的笑容，一副輕鬆自在、充滿信心、穩操勝券的表情意味著：「我來領導，我希望你們跟我一起前進。我很需要各位。請相信，我牢牢控制著局面。」有能力的老闆總是保持著充滿信心的輕鬆笑容，即使笑不出來，也得裝出來，因爲他知道這是發揮領導作用所必須的。

一個樂於領導的人是願意動動手表示親熱，例如：老闆拍拍下屬的肩膀或後背。領導者適當地動動手，是他可以採取的最有分量行動。

3、多出現，多說話

在辦公大樓裡到處走走，與你碰到的人說說話、聊聊天。不要老是坐在自己的辦公室裡，那樣，你是發現不了公司存在的問題的。

如果你做了這些，相信你會成爲一個樂於領導的老闆。

超前的用人觀

「得人者得天下」。世間一切事業成功之最重要的因素是人，人才也是企業最重要的資本。現代企業的管理，已把人才的爭奪視爲戰略競爭的焦點。ＩＢＭ的創始人湯馬士·沃森曾說：「你可以接管我的工廠，燒掉我的廠房，但只要留下的那些人，我就可以重建ＩＢＭ。」可見，人是創業之本，人也是使企業起飛的動力。

日本豐田公司起用大野耐一任副總經理，他創造的豐田生產方式使豐田一躍成爲世界著名的汽車公司。人還是使企業轉危爲安的舵手。美國克萊斯勒汽車公司瀕臨絕境，由於李·艾科卡的力挽狂瀾，又使公司重整旗鼓，躍居前列。作爲現代企業家，必須具有人才觀，應有「愛才之心，識才之眼，薦才之勇，用才之道，容才之量」。日本的企業管理學源自美國，又超過美國，其根本原因，就在於重視人的因素。

現代企業家的人才觀應樹立以下一些觀念：

1、重視人才開發和智力投資

人才不是隨地可撿的石子，不是上帝給予的恩賜，必須去發現，去培養。日本松下公司的創始人松下幸之助就說：「在造商品之前先造就人才。」人才是比資本和設備更重要的生產要素，不僅要開發，還要培訓。美國一家大公司規定，每年利潤的百分之二十作爲教育培訓經費，比例之高，令人咋舌。然而，正是由於這樣的智力投資，才使企業取得了成功。據經濟學家估計，員工文化水準每提高百分之一，社會生產率相應要提高百分之十四。

2、用人不能用完人

「人無完人，金無足赤」。再好的人才，都會有不足之處。特別是有一定能力的人，可能缺點更明顯。用人之長，容人之短，優秀人才則俯拾皆是；反之，見人之短，不見人之長，即使周圍人才濟濟，也會視而不見。揚長避短是競爭的策略，同樣也是用人的一大訣竅。

3、不講論資排輩，有能力者先上

某些人憑藉「資格」，長期占據著管理者的位子，使大批有能力的年輕人不能發揮作用，這是用人的一忌。年齡不是衡量水準的唯一標準。美國某知名企業公司有一個信條，只啓用三十來歲的青年人負責各部門的工作。因爲在他看來，只有年輕人才最有創新精神。

4、發揮人才群體的力量

人才是一種群體結構，一個人不可能是無所不曉的通才，但群體則可能做到。注意人才的適當搭配和巧妙組合，就能發揮更大的作用；相反，組合不當，不僅不能形成凝聚力，而且還可能相互抵消，空耗力量。

5、競爭出人才

競爭能推動人才的自我更新。「生於憂患，死於安樂」，再好的人才，離開了競爭的環境，也可能「江郎才盡」。要注意創造一個富於進取、敢於競爭的良好環境。這樣的環境能夠產生人才輩出、群星燦爛的效果。要特別注意發現在競爭中表現出臨危不懼的人才，這樣的人才能夠使企業從困境中轉危爲安。

6、增加人才的流動和引進

人才要流動，流動是人才活力的體現。不准流動又不重用，只會窒息人才。「求才若渴」，必然造成人才的對流。此處不用人，自有用人處，應當提高人才的使用價值。

7、重視人才工程

人才的選擇、使用、訓練及培養，不是三天兩天的事情，也不是一次培養，萬世享用的事情。它像知識一樣，需要不斷更新和培養。只有建立人才的系統工程，並將其放在戰略的地位上，才可能爲企業提供取之不盡、用之不竭的優秀人才，使企業永保青春。

要善於大膽使用人才

人才對於企業之重要性，身爲老闆誰都清楚。但何時用人，用人做什麼，卻有水準高低、技巧優劣之分。李嘉誠的用人藝術同樣顯示了其超人之處。

在企業的發展過程中，在不同的階段，企業主所發揮的作用是不同的，而企業主下屬的輔佐人才，在不同階段其作用亦不相同。這是李嘉誠多年經商的經驗總結。

創業之初，忠心苦幹的左右手可以幫助企業家建功立業，但當企業發展到一定階段、一定規章、一定水準後，元老重臣可能就跟不上形勢。倘若企業家要在事業上再往前跨進一步，他便需要向外招攬人才。一方面是爲企業的發展壯大提供足夠的人才動力；另一方面用這些各有所長的專門人才彌補元老們的不足。故此，一個企業家需要根據實際情況在不同的時間階段任用不同的人才。

創業伊始，李嘉誠選用忠心耿耿、埋頭苦幹的人才。寧損自己也不虧員工，留人先留心，使員工具有極大的積極性，從而企業也具有很強的活力。企業發展壯大後，老員工的知識和業務技能就不能適應企業的發展，李嘉誠又適時任用富有開拓精神的青年專門人才。這時候，李嘉誠對公司的事務不再事必躬親了，而是將自己的工作重心轉移到了人事管理上。他用人不拘一格，不管洋人華人，唯才是用，並且採用待人從善的管理方法。李嘉誠的得力助手中就有不少是外籍人士。收購了不少英資企業以後，他又採用「以夷制夷」的招式，利用洋人來管洋人。這樣做，一方面管理者與被管理者彼此間易於溝通；另一方面，在海外業務方面，他們有血緣、語言、文化等天然優勢，事半功倍。李嘉誠的董事機構採用「老、中、青」交替，中西結合的方式。

長實在二十世紀八〇年代得以急速擴展及壯大，股價由一九八四年的六港元上升到九十港元（相當於舊價），這和李嘉誠不斷提拔年輕的得力左右手實在大有關係。

元老重臣經驗豐富，老成持重，但拙於開拓，缺乏闖勁。而事業處於上長期，則需要勇於開拓者。企業越發展越壯大，就越需要科學管理，就越需要人才，特別是需要幹勁十足的年輕人。

青年人有一股強烈的熱情、大膽創新和力求上進的精神。他們在前進的道路上跌倒後能夠再站起來，繼續朝著自己的目標奮鬥，這正是企業發展所需要的。

李嘉誠的用人之道是一種創新。其後的事實也證實了他的舉才用賢招術十分管用、有效。

創業家的心理特徵

美國曾對其國內七十五位創業家進行研究，得出了十一個「創業家的心理特徵」。這些心理特徵，介紹如下：

1、健康的身體

沒有健康的身體，便不可能在需要出現的時間及地點出現。創業家通常必須有「不尋常的時間」料理事務。他可能必須應酬到凌晨兩三點鐘，第二天一大早又得召開會議。因此，如果你有宿疾，那麼你的創業之路必定荊棘滿布，困難重重。

2、控制及指揮的欲望

創業家通常是非常執意於自己作決策，他們不習慣聽命於人，他們幾乎都曾被某公司炒過魷魚，或憤而辭職。

創業家很難待在一個各懷鬼胎、官僚氣十足的大型企業裡。由於創業家都有控制及指揮的欲望，因此除非他們有某種默契（譬如說從小一塊兒長大），否則他們的合夥事業很少能成功。

3、自信

創業家普遍都有很強的自信心，有時候是太強了一點，有咄咄逼人之感。

4、急迫感

創業家通常很急迫地想見到事情的結果，因此會給別人帶來許多壓力。他們篤信「時間就是金錢」，不喜歡也不會把寶貴的時間，浪費在無聊瑣碎的事情上。

5、廣泛的知識

創業家幾乎大事小事無所不通，做起技術性工作也是乾淨俐落，毫不含糊，他們既能全盤掌握事情的來龍去脈，又能明察秋毫。

6、腳踏實地

創業家一向做事實在，同時不會爲了「使自己心裡舒服一點」而曲解事情的眞相。他們也會改變自己的看法或行爲——雖然這是一件很痛苦的事。

7、超人的整體能力

創業家有超人一等的整體能力，他們能夠從雜亂無章的事務中，整理出一套邏輯的構架。有時候他們的決策是全憑直覺，因此一般人很難理解。

8、不在乎地位

創業家都有一個崇高的理想，爲了達到這個理想，他們不會計較虛名。他們的生活簡單樸實，必要時常一人身兼數職。

9、客觀的人際關係態度

說得難聽一點，客觀的人際關係態度所指的是「冷酷無情」、「不顧情面」；說得好聽一點，它指的是「大公無私」、「就事論事」。

10、情緒穩定

他們通常喜怒不行於色，「打落門牙和血吞」，也很少在人面前抱怨、發牢騷。遇到困難時，他們總是堅持百忍，努力突破困境。

11、迎接挑戰

創業家通常喜歡承擔風險，但並不是盲目地冒險。他們對自己認爲有意思的、樂在其中的、能控制結果的事業，才會全力投入。一般而言，他們樂於接受挑戰，並從克服困難中獲得無窮的樂趣。

李嘉誠金言：有些生意，給多少錢讓我賺，我都不賺……有些生意，已經知道是對人有害，就算社會容許做，我都不做。

第二章　做受人歡迎的人

富有哲理的人生哲學

李嘉誠作爲成功的商人，他不僅創造了大量的金錢和財富，而且還身體力行地樹立和實踐了一套富有哲理的人生哲學。所以，李嘉誠的成功，不僅來自於他的精明能幹，而且來自於他誠實坦蕩的爲人。

李嘉誠自小深受儒家思想薰陶，他出生在一個書香世家，他的曾祖父是清朝甄選的八貢之一，是廣東潮州的望族，其祖父則是清末的秀才，雖飽讀經書，卻能接受新的思想。李嘉誠的父親李雲經，早年畢業於粵東名校金山中學，後因家境困難，只好受聘於一間學校執教。

李嘉誠自幼聰明伶俐，三歲已熟讀《三字經》、《千家詩》，小時候他經常泡在家裡的藏書閣，接受良好的中華傳統文化教育。

李嘉誠讀書非常刻苦自覺，讀書讀到很晚都不睡覺。他兒時的朋友回憶說：「嘉誠那時就像書蟲，見書就會入迷。」李嘉誠在回憶自己少年往事時曾說過：「我的先父、伯父、叔叔的文化程度很高，都是受人尊敬的讀書人。」

李嘉誠對儒學有他自己獨到的見解。因此，在他的公司內部，自然帶有儒教色彩。他說：「我看很多哲理的書，儒家一部分思想可以用，但不是全部。」

他又說：「我認爲要像西方那樣，有制度，比較進取，用兩種方式來做，而不是全盤西化或者全盤儒家。儒家有它的好處，也有它的短處，儒家進取方面是不夠的。」爲了適應香港地區中西合璧的經商環境，李嘉誠屏棄家族式管理，而採取將中西方的優長揉合一起的管理機制。

李嘉誠常說：「唯親是用，必損事業。」他認爲，唯親是用，是家族式管理的習慣做法，這無疑表示，對「外人」不信任。而他自己則擅用賢人，將企業內部的環境營造得十分融洽。不僅如此，他還以自己的行爲和舉止爲公司上下樹立了榜樣。

加拿大記者 John Demont 記錄過李嘉誠的一件小事，從中我們不難看出李嘉誠的爲人。

「他不擺架子，容易相處而又無拘無束，可以從啓德機場載一個陌生人到市區，沒有顧慮到個人的安全問題。他甚至親自爲客人打開車尾箱，讓司機安坐在駕駛座上。後來大家上了車，他對汽車的冷氣、客人的住宿，都一一關心到，他堅持要打電話到希爾頓酒店問清楚房間訂好了沒有。當然，這間世界一流酒店也是他名下的產業。」

古語云：「莫以善小而不爲。」作爲世界華人首富的李嘉誠，念念不忘哪怕是最小的一點生意。他認爲，世間任何事都是由小到大，積沙成塔。而李嘉誠創立長江實業公司的初衷就是——長江不擇細流，故能浩蕩萬裡。現在看來，長江精神何嘗不是李嘉誠商業實踐的眞實寫照？李嘉誠及其長江實業正是在李嘉誠傳統與現代相結合的人生態度和爲人哲學的指導下，一點一滴積累，一步一個腳印地走向輝煌的。

說話掌握分寸

「就因爲我們倆是最好的朋友，所以我才這樣勸你。」

常常會有人一面這麼說，一面很嚴肅地說出自己的意見。像這種人確實對朋友很好，但是絕對不會成爲一個成功的大人物。因爲這種人通常自以爲經驗很豐富，見聞很廣博，就會不知不覺顯出驕傲的態度，而且會非常堅持自己的意見。

從古到今，總有人說：「忠言逆耳，良藥苦口。」其實很多人都知道這個道理，但是勸人的好話，大家多半還是聽不進去。

很多人也知道忠告有時根本產生不了什麼效果，但還老是喜歡對朋友說：「站在我是你好朋友的立場，我覺得……」、「我是爲了你著想才這樣說。」說了一大堆所謂的忠告和建議，但是，這樣說眞的有用嗎？

我想多半還是沒什麼用吧！就算你再怎麼苦口婆心，通常人還是喜歡自己決定事情，如果你以爲朋友會接納你的話而有所改變，那就代表你的思想還不夠成熟。

我有一位朋友很有錢，但是他很喜歡把一句話掛在嘴上：「不要借錢給人，可是要借智慧！」

當然啦！這是他不想借錢給別人的一種遁詞，而且他還可以借著給人這句忠告來提高自己的身價。像他們這樣的人，通常身邊都不會有什麼知心的朋友。

如果你想給人什麼忠告和建議，就要有幫忙幫到底的心理準備，否則你只是一種批評而已。而批評其實就是責備，我想，大概沒有一個人喜歡自己一直被別人責備吧！

只要對方搞不清你說話眞正用意的時候，你們之間的關係就已經開始緊張了。

人和人之間最好一直保持一種單純、誠懇的關係，不要老是抬出一些教條或深奧的大道理去勸告別人，這樣有時不但不會加深你和朋友之間的關係，反而會得到一些反效果。

通常，做人不夠圓滑的人，其個性都是一板一眼的，講話的態度不是尖酸刻薄，就是強硬。所以，你如果想要多交一些朋友，就要改掉那些缺點，而且不必要的忠告和建議就少說一點吧！

留出轉圜的餘地

生活中很多尷尬是由自己一手造成的，其中有一些就是因爲話說得太絕、事做得太過分造成的。凡事多些考慮、留有餘地總能給自己留條後路。這在外交辭令中見得最多，每個外交部發言人都不會說絕對的話，要麼是「可能」、「也許」，要麼含糊其辭，以便一旦有變故，可以有轉圜的餘地。

話不說絕、事不過分是一個人老練成熟的標誌。毛頭小夥子一般總喜歡說些過於武斷的話，做些過分的事。凡事留有餘地是給自己方便，也是給別人方便。這樣當你沒達到預期目標時，壓力也不會太大，別人也不會太責怪你。

當我們拒絕別人的時候特別需要留有餘地。拒絕總是讓人難堪的，此時如能巧妙地、留有餘地地回絕，則能達目的又得到對方的諒解。商家談判似乎更需要這種技巧，即使你明知自己絕對滿足不了對方的要求，也不能一口回絕，最好還是藉口婉言相拒。

中國最大的家電集團海爾始終認爲「顧客是對的」，他們絕不輕易拒絕顧客。四川一位農民寫信給海爾集團，說當他用洗衣機洗地瓜的時候，洗衣機損壞了，要求賠償。海爾集團沒有以一句「洗衣機是洗地瓜的嗎？」來回絕，而是想到「對啊，我沒說洗衣機不可以洗地瓜，我爲什麼不能發明既能洗衣服又能洗地瓜的洗衣機呢？」商家能不輕易地把話說絕，它就能創造商機；我們能說話留有餘地，我們就能結交更多的朋友。

當一個人做錯事或處於困境時，我們說話、做事就更要當心。小孩子是最容易犯錯誤的，這時，父母就要注意分寸，如果經常恨鐵不成鋼地咒罵「你笨死了！你是世界上最笨的人！」小孩子會眞的認爲自己很笨，他做事情也會眞的笨手笨腳。有的父母看到孩子考了個不及格，會歇斯底里地罵「如果是我，早就從樓上跳下去了！」說不定小孩會眞的從樓上跳下去。在公司裡，當一個職員經常遲到，經理可以照章扣獎金，也可以照章辭退，但絕對不能在大庭廣眾面前狠狠批評，甚至進行人身攻擊，這樣做的結果往往適得其反。

如何才叫說話不過分、做事不過火呢？我們只要把握一個原則：對事不對人，不要傷害人的自尊和人格，不要讓一個人覺得無地自容。對人寬容些，別人會感激你的。而我們往往容易在高興和氣憤的時候說些絕對的話，做些過火的事，其結果往往是難以收拾。

拿破崙在一次出訪鄰國時因高興而說了這麼一句話：只要法蘭西帝國存在一天，我就會派人送來一枝玫瑰。許多年以後，鄰國向法國政府提出要履行諾言，法國人一算，嚇了一跳，那簡直是一個天文數字，最後通過外交途徑解決了問題。確實，平時說話、做事是不能掉以輕心的。

欣賞別人

人都有一種強烈的願望——被人欣賞。欣賞就是發現價值或提高價值，我們每個人總是在尋找那些能發現和提高我們價值的人。

一家保險公司經理在談到成功的祕訣時說：我們欣賞我們的代理人。

欣賞能給人信心，能讓對方充滿自信地面對生活。愛情之所以能有如此巨大的魔力，就是因爲兩個人互相欣賞對方，欣賞對方的優點，甚至欣賞對方的缺點。在愛人眼裡，對方是世界上最完美的。一個人被人認爲是世界上最完美的，可以想像他是何等興奮，所以心中有愛情的人對待生活總是積極、樂觀的，充滿自信的。許多大企業家告訴我們，他們在提升一個人之前，喜歡了解關於這個人另一伴的情況，他們感興趣的當然不是長相、賢慧與否，主要在於其是否對另一伴有信任感。如果妻子／丈夫認可另一伴並給對方一種在一起是愉快的感覺，那麼，每當妻子／丈夫回家時，都能得到一種自信和激勵，第二天，將能充滿自信地面對生活。

欣賞能使對方感到滿足，使對方興奮，而且會有一種做得更好以討對方歡心的心理。如果一個員工得到經理的欣賞，他肯定會盡力表現得更好；如果一個小孩得到別人的欣賞，那他的表現會令人大吃一驚。有一個小孩總因喜歡在家具上刻畫而遭懲罰，心理學家爲他買來雕刻工具，並且教他如何使用，如何設計，還讚賞他：「你雕刻的東西比我所認識的任何一個人雕得都好。」一天，小孩做了一件讓任何一個人都大吃一驚的事：沒任何人要求他，他把自己房間打掃一新，當問他為什麼時，他的回答：「我想你會喜歡的。」

欣賞別人也須懂得一些技巧。首先要盡量去欣賞別人一些他自己不很自信或不被眾人所知的優點。如果一個體育國手和你第一次見面，你表示欣賞他的運動成績，除了讓他一笑以外，不會產生什麼特別的感覺，而如果你表示欣賞他的風度和氣質，他會非常高興。

欣賞別人也不能無中生有，對方根本沒有的優點甚至是缺點，而你還大加讚賞，他會懷疑你是否在諷刺他，要麼會認為你這人是個善於說假話、奉承拍馬的人。

另外，單獨對待每個人總能讓人有種被欣賞的感覺。當你到朋友家做客，朋友向你介紹了他的三個孩子後，你不是點頭微笑而是走過去一一握手並問好，他們馬上會對你產生好感。

> 李嘉誠金言：如果想取得別人的信任，你就必須做出承諾，一經承諾之後，便要負責到底，即使中途有困難，也要堅守諾言。

點頭稱「是」

在對方陳述他們的觀點、意見、看法和某種判斷時，我們總愛否定他們，有時甚至會粗暴無禮地打斷他們的話，說：「你說的不對」、「不是你說的那樣」「我不同意你的說法」等等，這一下便產生了火藥味，雙方爭辯起來，爭吵起來，進而還會人身攻擊和謾罵，搞得雙方都很沒趣。

有時對方說的並非沒有道理，或者很有道理時，我們也受虛榮心的慫恿，故意不同意對方，搶著說出我們的高見，其實我們的高見並非高見，而是些很蠢的話。我們只不過是想在大庭廣眾面前出出風頭罷了。就是我們稍微謙虛一點，把對方視爲一家之言，然後我們也會從另一種角度出發，大談我們的想法。其實我們的想法，又何嘗不是一家之言呢？我們對人家的反駁或補充毫無必要。只是我們太愛表現自己了，太愛表達自己了。我們的那些意見大多很愚蠢，很淺薄，很讓人見笑。我們不知道這些，蠢頭蠢腦地把它們說得義正辭嚴。

有時我們完全是出於心裡彆扭，想干擾對方，說出一些莫衷一是的言辭，我們並不想講道理，只是不願意贊同對方罷了。我們這種行爲，有時是有意識的，有時是無意識的。爲著這種無謂的東西，我們失去了很多難得的朋友、很多難得的機會。其實我們對人家的這種否定和責難，除去自身完全沒有意義外，對我們自己也毫無益處。在否定和爲難別人時，我們自己也被否定了、爲難了。在生活中，我們爲自己製造的這種晦氣太多了。

我們完全可以十分大方地肯定對方，學會點頭稱「是」。我們可以欣賞對方的觀點、辯詞和立論，想想它們有哪些合理的地方、對的地方、對於我們有益的地方。如果實在沒有合理的、對的地方，甚至一無是處，我們也完全可以只當聽聽「故事」就作罷，而不必在言辭上較勁認眞，這在很多時候是無益的。相反，認真地傾聽對方，點頭認可，不僅會使我們謙聽受益、啓悟智思，還會使我們多交朋友，在其他方面，受人實惠，如魚得水。比方，你可以這樣試試，一邊認真地傾聽著，一邊點著頭，說：「你說得很有道理」、「我完全贊同你的意見」、「你的話對我啓發很大」等等。

只要認真地傾聽，就會使對方感覺很好，他的內心也會因此而溫和起來。順著人家的話說，肯定人家的道理，這是人際交流中最基本的常識和技巧。據說老虎的毛要順著摸，反過來理解，順著摸老虎的毛，老虎也會馴順。如此兇猛的動物，都能把牠降住，可見「順著摸」厲害了。嘗試一下「順著他」戰勝他的招數吧！

凡事先說「好」

在我們與他人的交際和交談中，由於彼此的立場、觀點和利益不同，所以我們常常必須拒絕或回絕對方的一些要求和想法。這種拒絕或回絕對我們是必須的，不能不說，不能不做。但是我們也會因爲這種拒絕或回絕，而讓對方受不了或吃不消，弄得很尷尬。對於這種立場、觀點和利益的問題，乍看起來似乎是一些無法回避的問題，勢在魚死網破。其實也不盡然。遇到這種情況，我們也可以不直接回話，不直接做事，我們可以用一種比較溫婉的方式和說法，讓對方比較容易接受一些，情緒較少受到刺激。比如「凡事先說好」，就是一個這樣的技巧。

不管對方說什麼，要求什麼，反對什麼，我們都可以凡事先說「好」，意即好、你對、我同意等等。但其實可能有些不好、有些不對、有些我們不能同意、有些我們做不到。不過，這沒有關係。我們可以慢慢地把話說開。等到說話時機再好一點，我們再說那些早先對方接受不了的話。

從純技巧上來說，先贊同對方的說法、要求和意見，這和對方的認識和利益相同，便不會和對方發生抵觸。等到對方認爲你已經接受了他們時（此時他們對你可能沒有敵意了，已經有可能聽你說話，也認爲你站在他們的立場上，只是你有你的實際困難），你再委婉地表達你的不同看法、你的困難和你的實際情況，這樣雙方都照顧到了，合情合理一些，對方也就容易反過來替你著想，從而放棄他們原先的那些想法和要求。如果在一開始的時候，你便硬邦邦地給他們一個冷眼對立，恐怕你就是確有正當的理由或困難，對方也不會體諒你的。

凡事先說「好」，答應對方，讚美對方，接受對方，不管你能否做到，願不願意做到，都必須先說這樣的話語，如：「我很欣賞你的觀點」、「我很願意幫助你」、「你的要求完全正當」等等。

這樣說的目的，是要試圖理解對方，體貼對方，不刺激對方。然後再選擇合適的時機，陳述自己的看法、意見、困難和實際情況，這樣，對方就有可能改變他們先前的想法和要求了。

低調對待敵意

當你受到攻擊時，你會怎樣反應呢？激烈對抗？避開鋒芒？適度還擊？一走了之？通常，可能會因爲你理直氣壯而強烈回擊。這種行爲，有時是合適的，有時未必。

有時有好的結果，有時卻是壞的結果。人處在人群中，不友善的說，總是處在敵意之中。因爲原則和利益，以及其他各種很偶然的原因，人會時時處處受到不友善甚至很敵意的攻擊和算計，如果一個人對此太介意，他便有可能在人群中一分鐘也過不下去；如果一個人對此時時處處還擊，他便有可能一年四季都在戰爭。這其實是不必要的，也是不合算和非智謀的。

人沒有必要和對手採取一致的方式或站在對等的層次上，他攻擊，你還擊。而要化解敵意，要低調和講策略對付。這樣，既不被對方牽著鼻子走，也顯得比對方層次高和富於智謀，更重要的是，如此可以減少了自己不必要的時間支出、精力支出和其他可能的損失。在人生中，讓自己保持一個豁達、開朗、輕鬆的心態，不亦美好！

低調對待敵意，不激烈還擊，不和對方爭辯，這是要避免「敵意」的升級。你和對方爭辯，激烈還擊，對方又會更強勁地回應，鬥爭便會白熱化，達到你死我活的地步。這樣，有限的敵意無限化了，小的災禍變大了，尤其在非原則、非利益的偶然敵意的情況下，這種結果就太沒有必要了。物理學原理表明，作用力有多大，反作用力也就有多大。對抗也是如此，你有多麼激烈，對方也會多麼激烈，甚至更激烈。這不是我們的出發點，也不是歸結點。

低調對待敵意，並不是膽小怕事、逃跑和不顧己方的原則和尊嚴，而是要避免把自己捲入更大的災禍中。只要對方的攻擊對自己不能造成根本性、致命的災害，就沒有必要過度反應。只要把對方的攻擊控制在非根本性的皮毛性範圍以內，就可以低調對待它們，不把它們當作大不了的事情。我們通常單方面的不對抗和放棄對抗，讓對方失去戰鬥對象和對立面，這也能從根本上消解對方的鬥爭意志，讓他們的攻擊之矛找不到戳的地方，這也會降服對方，這比眞刀眞槍地和他們對著打，更具有智慧性的快感。

再說，世界上的事情都是有前因後果的，敵意並不會完全沒有原因，我們也要虛心待人，努力發現敵意的原因，以從根本上消解它，把敵意消滅在它的起點或根本不讓它存在。這樣，我們就能在人群中生活得平安而愉快。

成功交際的原則

對於培養成功習慣者而言，必須懂得人際關係的重要性，並且有著成功的交際原則。一般來說成功交際必須遵循以下原則。

1、切忌背後議論人

在與人接觸交往中，或者跟自己的親朋好友接觸交往中，都要竭力避免背後議論人。不負責任的議論，不僅失去了交往的目的，而且會傷害同志親友間融洽的感情。特別是在大庭廣眾之下，盡可能避免說別人的短處。有時言者無意，聽者有心，不脛而走，會挫傷他人自尊心。

2、說話要有分寸、有條理

與朋友、同事相處，有人總是搶話頭、放長線、拉長話，沒完沒了，令人討厭，時間一長大家會離他遠遠的。

3、不顯露有恩於別人

同事、朋友之間總會有互相幫助的地方，你可能對別人幫助比較大，但是，切不可顯示出一種有恩於他人的態度，這樣會使對方難堪。

4、不忘別人的恩德

自己對別人的幫助不要念念不忘，但是別人對自己的恩德要時時掛在心頭。無論誰的幫助，不論得益大小，都應適度地向人家表示感謝。這樣，不但能增進友情，而且也表示了「受恩不忘」的可貴品格。

5、做不到的寧可不說

對朋友說謊失去信任，這是最大的損失。所以，與新、老朋友相交時，都要誠實可靠，避免說大話。要說到做到，不放空炮，做不到的寧可不說。

6、不說穿別人的祕密

不說穿別人的祕密特別重要。每個人都有一些隱私，知道的不要說，不知道的不要問，因爲這是於你無益、對他人有損的事。

7、要注意謙虛待人

在同事、朋友面前，不要把自己的長處常常掛在嘴邊，老在人前炫耀自己的成績，如果一有機會就說自己的長處，就無形之中貶低了別人，抬高了自己，結果往往是被人看不起。

8、不要憨言直語

要聽取各方面的意見，不要只憑自己的主觀願望說出不近人情的話。否則，是得不到別人的好感與贊同的。只有言詞委婉，才能溝通感情，辦成事情。

9、要有助人為樂的強烈道德感

正確的道德觀是塑造好自己的形象和取得交際成功的重要環節。這要求大家有正義感，善於區別眞善美和假醜惡，毫不猶豫地堅持原則、棄惡揚善。當別人需要的時候，應該毫不猶豫地伸出熱情之手，去關心、支持和幫助別人。既是互相交往，就應當相互尊重，特別要尊重他人的人格、權利，不去侵奪他人幸福，尊重他人的事業選擇、生活方式、志趣嗜好。不隨意支配他人，不輕率地傷害別人的自尊心、自信心。這樣才會受到人們的尊重。

10、要有理解、寬容的態度

與人打交道、交朋友就需要設身處地理解別人，理解別人的痛苦和需要。要與人爲善，寬容大度。要配合默契，熱情有度，要眞心待人，以此來贏得大家的信任、尊重和友誼，從而獲得更多的朋友。

以上十條是人際交往中最基本的原則，只有不違背這些原則，你才能在人際交往中成爲一個成功者。

鍛鍊溝通能力

生活中，我們不斷與人溝通，有時是有意識的，有時是無意識的。所謂溝通，不僅是以言語，還可以經由動作、姿勢、眼神以及接觸等方式進行。

溝通良好，意味著經由言語或非言語的方式，明確表達你的意向。更重要的是，溝通良好還表示你了解對方想要表達的意思。

溝通困難、企業倒閉以及工作關係緊張，根源都在於無法了解別人的觀點。

不論是經理、主管、難以與人相處的人都愛對自己說：「如果你不能以我的方式論事，我們就無從討論。不照我的話做就免談。」

另一方面，深具魅力、能激勵別人、善於推銷的人，總是以言語或行動在說：「我重視你的想法，告訴我你要什麼，我們可以並肩努力。」

在人生各方面都一帆風順的人都知道一個祕訣：最偉大的溝通技巧就是重視別人的意見。這些人所持的態度是：「我要讓他們慶幸遇見了我。我要讓他們因為我的話而整天心情開朗，我要讓他們樂於與我交談。」如果你遇見一個人，他讓你覺得和這個人相處很愉快，跟他在一起，令人怡然自得。那麼這個人必是溝通高手。

善於溝通是一種藝術，是透過眼睛和耳朵的接觸把我們自己投射在別人心中的藝術。眼睛直視對方，全神貫注地傾聽，是有效溝通的基本法則。

此外，還有一些溝通的祕訣。其中有些聽起來極為平常，好像不值一提，但卻極為有效。

1、**首先自我介紹：**不論是與人當面交談或電話聯絡，先要自報姓名：「幸會，我的名字是……」或「喂，我是……」交談開始之際，讓對方納悶我這是在和誰說話，是一件大煞風景的事。

2、**練習熱烈而堅定地握手：**這對男性和女性同樣適用，握手時要採取主動，先伸出你的手。

3、**記住別人的姓名：**這是你對別人的最佳禮贊之一。別人在自我介紹時，留神傾聽，然後立即重述他的姓名，例如：「○○，很高興認識你。」如果你一時沒有聽清：「對不起，我沒有聽清楚你的大名。」對方會感激你眞心願意知道他的確切姓名。

4、**說話時，目光要與對方接觸：**當別人在說話時，你也直視他的眼睛。目光的接觸即能表達你對自己的言論充滿信心，也能顯示你重視對方正在發表的意見。

5、**抱著「我要讓對方高興他曾與我交往」的態度：**讚美對方，提出他感興趣的問題，幫助他放寬心情，侃侃而談。他會高興曾與你交往過。

6、**言論樂觀進取：**樂觀的見解會傳染給別人。講述你的工作樂趣、生活情趣和人生樂事給別人聽，你會發現大家都樂於和你交往。同理，即使你認爲自己理由充分，也要避免抱怨或訴苦，消極悲觀的言論會使別人也意氣消沉。各人有各人的煩惱，不要把你的重擔壓在別人肩上。

7、學習判斷：別人告訴你某些事，也許並不希望你轉告他人。要讓人對你有信心，覺得你會爲他們保守祕密。

8、要以服務為目的，不可以自我為中心：要對別人關切的事表示興趣，而不僅是關注自己。只要你眞心關切別人的利益，別人會感覺出來，而與你接近。相反的，一般人若感到你眼中只有自己時，就會變得侷促不安。

9、讓對方覺得自己地位重要：全神注意對方，好像他的工作、困擾或經驗此時此刻對你同樣重要。先注意對方的興趣，對方會認爲你是善解人意、關懷別人的談話對象。

10、確定自己充分了解對方的語意：工作上的困擾往往是因誤解和誤會而產生。爲了確定自己清楚對方的意思，你可以用自己的語句，把對方的話複述一遍，詢問對方你說的是否正確。他會欣喜自己被人了解，也會對你的意圖印象深刻。

11、開會或赴約要守時：遲到等於告訴別人：「這對我不重要。」如果因不可抗拒、無法預知的因素而遲到，應先打電話給對方，坦誠說明延遲的原因，以及何時可以趕到。你的禮數周到會讓人對你產生敬意，而不至於怪你姍姍來遲。

12、**設身處地為他人著想：**學著感覺並接受別人的需要和彼此的歧異之處。嘗試從別人的觀點論事，也嘗試由別人眼中看你自己：「與我共事的滋味如何？」「上司對我的表現滿意嗎？」若能看清別人眼中的你，你在溝通方面會有效率得多。

本質上，溝通之道在於讓對方接受你的觀點。要達此目的，最有效的方式便是讓對方感覺受到重視。受人重視可能是人類最基本的感情需求。你讓別人感到自己地位重要，他們會以坦誠、合作、互敬、慷慨來回報你。

建立在坦誠、合作與互敬基礎上的工作關係，是最愉快的。所以，請傳達你的熱誠、自尊和活力給別人，你很快會發覺自己身邊環繞著與你共用工作樂趣的人。

李嘉誠金言：講信用，夠朋友。這麼多年來，差不多到今天為止，任何一個國家的人，任何一個省分的中國人，跟我做夥伴的，合作之後都能成為好朋友，從來沒有一件事鬧過不開心，這一點是我引以為榮的事。

包裝一副好形象

「佛靠金裝，人靠衣裳。」人類都有以貌取人的天性，你的外在形象直接影響著別人對你的印象，你穿得氣派，無形中就抬高了自己的身分，別人覺得有利可圖，就容易答應你所求。你衣著寒酸，別人認爲無油水可撈，可能會一口回絕你的請求。

一個人的外貌的確很重要，穿著得體的人給人的印象會好，它等於在告訴大家：「這是一個重要的人物，聰明、成功、可靠。大家可以尊敬、仰慕、信賴他。他自重，我們也尊重他。」

反之，一個穿著邋遢的人給人的印象就差，它等於在告訴大家：「這是個沒什麼作爲的人，他粗心、沒有效率、不重要，他只是一個普通人，不值得特別尊敬他，他習慣不被重視。」

譬如，面容方面，疲倦、憔悴或沒刮乾淨的鬍鬚都會帶來嚴重的負面影響；頭髮太長或淩亂不堪亦然；尺寸不合的衣服或土裡土氣的領帶，都足以損害你的形象。

不合身分的穿著，會令人對你產生輕浮的印象。如果一個學生開著名貴跑車，或者使用價格昂貴的手提包，就難免讓人覺得輕浮，因爲這種不合身分的舉動極易令人有不舒服的感覺。

身上的服飾，具有「延伸自我」的作用。如果一個人的形象和代表「自我延伸」的服飾差距過大，就會令人有「不完整人格」的印象。比如，衣服和鞋子都是高級品，而腰帶卻是廉價品的穿著打扮，就會令人產生不自然的感覺，懷疑是詐騙集團。

此外，體形臃腫、衣著缺乏品位和姿勢不雅等等，同樣是造成負面影響的主要因素。除了經常檢查自己的儀表之外，尚需注重整體的協調感。

臉部的表情是影響相貌的重要因素。你可以站在鏡子前面努力練習，如何不讓自己看起來像凶神惡煞似的人。這是任何人都能夠做得到的。這種努力將會左右一個人的精神，由此來改變一個人的相貌。

人的第一印象是最不容易磨滅的，長相兇惡的人誰也不喜歡，沒有自信的人總是讓人覺得縮頭縮尾。有些人就很容易博得別人的好感，這也不過是長相給人留下好印象罷了，這正是長相的重要性。

長相賊頭賊腦的人總是讓人覺得靠不住，而慈眉善目的人卻很容易贏得別人的信任。

作爲一個上班族，每天早上一定要站在鏡子前看看自己的臉，是柔和、精力充沛的，還是一副酒醉未醒的樣子？如果早上起來就一臉沒精打采的樣子，那最好先振作精神再出門。

盡量找機會利用鏡子審視自己的臉，尤其是在競爭激烈的環境中，更要隨時保持清醒狀態。

即使是男士也要隨身攜帶一面小鏡子，隨時注意一下自己的領帶是不是鬆了，頭髮是不是亂了，自己的臉部表情夠不夠柔和，是不是保持著充沛的活力。

交際上很重要的一點就是讓對方鬆懈，失去警戒心。所謂最佳表現就是不要讓對方覺得自己笑容勉強，要保持坦率誠懇的表情。

正直的人能給他人以安全感，這是贏得他人信任的重要條件。在商業社會中最忌諱的就是過於尖銳的處事方法，所以要讓自己養成保持柔和表情的習慣。如果有了一副好形象，辦事就比較容易成功。

第三章　成功需要自我修練

做人的宗旨是要刻苦

李嘉誠多次談到做人的基本態度，他曾經談到這麼一件事：「我做人的宗旨是刻苦、善待別人，還有好勤奮和重承諾，也不會傷害他人。有一次，一個我很討厭的報社記者在公司樓下等我，我剛剛上車，同事說他已經等了兩小時，他正要離去。我立即叫司機倒車，向記者說可以談一下，因爲我不忍心他站了兩個小時，回去沒有東西交代。」這個小故事可以看出李嘉誠先生爲人處世的態度。而他的這種態度更來自於童年時代的一件往事。

那是一九四三年的冬天，這個冬天深深地刻在李嘉誠的記憶深處，是他一生中最難以忘懷的。

當時，父親去世使他心靈深處的酷寒感到不堪忍受，他覺得整個世界像一座巨大且黑暗的冰窖，似乎人世間的最後一絲熱氣也被父親帶走了。

然而，即使是這樣，李嘉誠還是咬緊牙關，鼓足勇氣，他希望自己能夠帶領全家平安地度過這個肅殺淒涼的冬天。

爲了安葬父親，李嘉誠含著眼淚去買墳地。按照當時的交易規矩，買地人必須付錢給賣地人之後才可以跟隨賣地人去看地。賣地給李嘉誠的是兩個客家人。李嘉誠將買地錢交給他們之後，便半步都不肯離開，堅持要看地。山路出奇地泥濘，寒意逼人的北風不時夾帶著雨點迎面撲來……。

仍舊沉浸在失去父親巨大悲痛中的李嘉誠，想著連日來和舅父、母親一起東奔西走，總算湊足了這筆安葬父親的費用。想著自己能夠親自替父親買下這塊墳地，心裡總算有了一絲慰藉。這兩個賣地人走得很快，李嘉誠小跑著緊跟不捨。然而，不幸的是賣地人見李嘉誠是一個小孩子，以爲好欺騙，就將一塊埋有他人屍骨的墳地賣給他，並且用客家話商量著如何掘開這塊墳地，將他人的屍骨弄走……。

他們並不知道，李嘉誠聽得懂客家話。李嘉誠震驚地想，世界上居然有如此黑心、如此賺錢的人，他們竟然連死去的人都不肯放過。想到父親一生光明磊落，即使現在將他安葬在這裡，九泉之下的父親也是絕對得不到安寧的。李嘉誠深知這兩個人絕不會退錢給他，就告訴他們不要掘地了，他另找賣主。

這次買地葬父的幾番周折，深深地留存在李嘉誠的記憶深處，使他不僅受到了一次關於人生、關於社會眞實面目的教育，而且對於即將走上社會、獨自創業的李嘉誠來說，這是第一次付出沉重的代價所吸取的相當痛苦的教訓，也是李嘉誠所面臨在道義和金錢面前如何抉擇的第一道難題。這促使李嘉誠暗下決心：不管將來創業的道路如何險惡，不管將來生活的情形如何艱難，一定要做到生意上不能坑害人，在生活上樂於幫助人。

今天，李嘉誠是香港曝光率最高的富豪，但他對於人和人生的理解卻並沒有因爲財富的增加而變得膚淺，相反，倒使他對做人的理解更加成熟和深刻了。

克制欲望

自制不僅僅是人的一種美德，在一個人成就事業的過程中，自制也可助其一臂之力。

有所得必有所失，這是定律。因此說，一個人要想取得並非是唾手可得的成功，就必須付出自己的努力，自制可以說是努力的同義語。

自制，就要克服欲望。七情六欲乃人之常情，但人也有些想法超出了自身條件所許可的範圍。

有人說了，一個人要想在事業上取得成功，務必戒奢克儉，節制欲望，只有有所棄，才能有所得。

自制不僅僅是在物質上克制欲望，對於一個要想取得成功的人來說，精神上的自制力也是重要的。衣食住行畢竟是身外之物，不少人都能成功的甚至是盡善盡美地克制，但精神上的、意志力上的自制卻非人人都能做到。

如果你今天計畫做某件事，但早上起床後，因昨晚休息得太晚而困倦，你是否義無反顧地披衣下床？

如果你要遠行，但身體乏力，你是否要停止旅行的計畫？

如果你正在做的一件事遇到了極大的、難以克服的困難，你是繼續做呢，還是停下來等等看？

諸如此類的問題，若在紙面上回答，答案一目了然，但若放在現實中，你身在其中，自己去拷問自己，恐怕也就不會回答得太利索了。眼見的事實是，有那麼多的人在生活、工作中遇到了難題，都被打趴下了。他們不是不會簡單地回答這些問題，而是思想上的自制力難以控制自己。

因此，又有人說了，人最難戰勝的是自己。就是說，一個人成功的最大障礙不是來自於外界，而是自身，除了力所不能及的事情做不好之外，自身能做的事不做或做不好，那就是自身的問題，是自制力的問題。

長話短說，一個成功的人，其自制力表現在：大家都做但情理上不能做的事，他自制而不去做；大家都不做但情理上應做的事，他強制自己去做。做與不做，克制與強制，超乎常人性情之外，就是取得成功的因素。

控制情緒

世界上最強的人是能夠控制自我心態的人。一個人必需具有自我控制的能力，才能做自己眞正的主人，進而決定自我人生奮鬥及努力的方向，這種人通常深信「只要去做即可成功」的道理。

心理學家把心理分爲理性及感性兩面，辦事雖然是依據理性，但理性背後每每由感性主宰。當感性層面覺得好的，理性就會找出千百個理由，認爲那是好的；相反，感性認爲不好，理性同樣可以找出千萬個道理，指出那是不好的。感性的表現就是情緒，換言之，情緒對我們的理性有深切的影響。

有很多種情緒都是創業人的致命傷，恐懼、憂慮、憤怒、嫉妒、仇恨、輕視等，都足以把創業的機會敗掉。每一個成功的企業家，都具有控制情緒的能力，一般人不能忍受的譏諷、挫折、怨恨等，成功的企業家卻可以忍受下來。人家動火了，他們依然冷靜，並沒有破壞理性的運作，他們求財不求氣，萬事以大局爲重。成功的創業人，智商未必很高，但情緒商數一定高，自控能力甚強。

我們具有多強的情緒控制力呢？請看一看，我們是不是能面對各種消息而情緒不波動？大多數人都辦不到。情緒並不單是情緒，它還涉及生理反應，不良的情緒會產生不良的生理反應，導致健康受損，例如憤怒可以影響心臟及消化機能，其他如消極情緒、絕望等，亦會引起身體疼痛、嘔吐、無力等。

相反，健康的情緒可以引起健康的反應，最簡單的就是開心快樂，這是對健康甚爲有益的情緒。歡喜的時候，內分泌趨於平衡，身體感到輕鬆自在，頭腦運作亦處於最佳狀態。而商業中最注重的人際關係，若有開心快樂的情緒，亦能處理自如，得到更多忠誠顧客。

生意人需要經常和顧客接觸，「顧客永遠是對的」，這是座右銘，是生意人必須奉行的金科玉律。盡量滿足顧客的需要，自然會有利益。但問題卻是，顧客並不一定對，很多顧客仗恃著做生意的有求於他，因此財大氣粗，說話尖酸、沒禮貌。面對這樣無禮的顧客，如果受不了他們的氣，一聲反駁，大家爭執起來，就等於把顧客趕跑，對生意有害無利。

所有成功的生意人和推銷員，都善於控制情緒，面對不客氣的客人，他們依舊客客氣氣，控制情緒，繼續保持最有禮貌的態度，獲得他們信任，甚至滿足了顧客發洩情緒的需要，結果，顧客感到舒服，很快又會再次光顧。這是成功之道。

李嘉誠金言：年輕時我表面謙虛，其實內心很驕傲。為什麼驕傲呢？因為同事們去玩的時候，我去求學問；他們每天保持原狀，而自己的學問日漸提高。

習慣鎮定

任何一個在事業上成功的人，遇事都能保持輕鬆從容的心情。成功的人甚至在碰到逆境的時候，他的頭腦也會保持沉著、冷靜的狀態，從而隨時準備捕捉和發掘新機會，以及了解和對付新的問題。

高明的商人那種心境輕鬆的情形，就像一個優秀的橄欖球員一樣，當球員傳球的時候，假如球意外地落到他的手中，他並不膽寒或驚慌。而高明的商人也是一樣，面對突發的新情況，並不會手忙腳亂。他能靈敏地反應，他有辦法掌握或對付新情況，他會緊抱著球跑過去，或者警覺而放鬆地轉個方向，以免對手撲過來。

有些剛開始做生意的人，就已具備這種輕鬆的內在能力。但是大多數生意人，只有經過多次經驗，才能養成這種習慣。

「隨時都要把自己看成是一個在湖中翻了船的人！」一位資深的石油商人在蓋蒂事業剛開始的時候忠告他，「如果你能保持鎮靜，你就可以遊到岸邊，至少在漂浮時有人來救起你。假如你失去冷靜，你就完蛋啦。」

一個人剛開始創業的時候，真有點像突然沉溺在湖中央的人。如果他保持鎮靜，他生存的機會就較大，否則他就很可能溺死。剛開始做生意的人或年輕的職員，都應該把這警句牢記在心裡，這樣，你就會養成心情輕鬆的習慣，從而獲得不少的幫助，也有辦法應付任何情況。

不管在任何場合，如果能夠保持從容不迫、順應自然的態度，那麼，任何事情都能應付自如。

一些偉大的人物都是一些「鎮靜」的高手，面對突然變故，仍然鎮定自若。因爲他們懂得，不能慌，慌則無法思考應對的妙招。如果他們慌了，那麼周圍的人更沒有主見，那就慌成一團了。因此，他們大都大喝一聲：「慌什麼？」這一半是對別人說的，一半則是自我暗示。

如果你感到慌張，你的大腦就失去正常的思考能力，你就會丟三落四、語無倫次。許多人掉了重要東西，或者說話說漏了嘴，就是因爲心裡有「鬼」，慌慌張張。這時候，你要有意地放慢你的動作節奏，越慢越好，並在心裡說：「不要慌！千萬不要慌！」動作和語言的暗示會使你慢慢鎮靜。你的大腦就能恢復正常的思考，以應付周圍發生的事情。這一點對即將考試的學生尤其重要。

沒有見過大場面的人，一到人多的場所，就會渾身不自在。克服這種心理的方法是把所有的人都當作朋友，點點頭，大聲招呼，別人自然也會致意回報。雖然他可能永遠也無法想起曾經在哪兒認識你，但是你卻因此消除了緊張。

有機會你就主動當眾講講話，自我考驗，你就會養成從容不迫的習慣。

不必心煩意亂

不開心的煩惱，不舒心時的煩悶，對每個人而言，早已是司空見慣的平常事。但是「舊煩」與「新煩」之間，還是大不相同的。

過去人們「煩」的時候是找知心朋友訴訴苦、解解悶。今天「煩」的人們不僅僅「煩」，而且不「耐煩」。在不開心、不舒服的同時，他們不安心、不靜心。他們不只是煩惱、煩悶，而且煩躁。對他們而言，與其說「煩」是一種有待完全擺脫的消極情緒，不如說「煩」是一種有幾分無奈也有幾分得意的生存狀態和生活方式。過去的人煩惱時會從前台退到後台，躲得遠遠的，不想讓人看見；如今的「煩」人們卻穿著休閒、唱著流行歌曲，招搖過市，讓人們躲得遠遠地來看他們。「別理我，煩！」已成爲時下一流行語。

「新煩」的最大特點在於其躁動不安。這是一種心比天高的追求、躍躍欲試的衝動、得不到滿足的苦悶交織在一起，從而導致的亢奮、緊張、急躁的情緒。這種情緒是充滿機會又充滿挑戰的變革時代的必然產物。

現實生活中充滿了各種機會，個人發展有了相當的自由，這一切刺激起人們的成就欲望，很多人都希望自己有一番大的作爲。但是，機會與自由並不意味著成功，每一個機會，事實上都是一種挑戰。同時，選擇一種機會必須放棄另外一些機會爲代價。雖然社會爲個體發展提供了多種多樣的可能性，但具體到每一個人的身上，其發展的可能性是很有限的，這就需要我們正確地理解、選擇和把握機會。但是，不少人並不理解機會的眞實含義，他們什麼都想要，卻對什麼都不作踏實的準備，表現出強烈的投機心理。

遺憾的是，一些投機者在受挫之後，並不吸取教訓，不反省自己的失誤，不去彌補自己見識、能力和毅力上的不足，而是心煩意亂，繼續在精彩與無奈的迴圈中掙扎，或者憤憤不平，責怪社會的不公平與命運的不濟。有些人甚至以一種「輸紅了眼」的面目出現，破罐子破摔。

當然，當代的「煩人」並不都是投機者。一些人的「煩」是一種現代文明病，是抒情的思想、浪漫的夢幻和溫和的心境被無情的、變化的現實打碎之後，而產生的一種憤世嫉俗、走投無路的情緒狀態。這種人無法控制自我，心緒不寧，因而難以成事。

無論做什麼事，心煩意亂之下是難以有所作爲的。爲了不煩，我們還得「耐煩」一些，靜下心來，正確地認識自己，冷靜地把握機會，以長遠的眼光選擇適合自己的目標和道路。只有如此，我們才能踏踏實實地做好每一件事，以成就自己的事業。

要親身體會賺錢不容易

賺錢如今已成爲人們生存的基本手段。今天的年輕人也許體會不到賺錢的不易，但李嘉誠卻以其青少年時代的艱辛體會到了。

當時，年少的李嘉誠擔任了推銷員的工作。總結這一工作的艱辛，李嘉誠常說：「要別人買你的東西，不想被推掉就必須在事前想到應付的辦法。」

爲了能夠推銷更多的產品，他利用報紙雜誌，搜集有關產品的市場訊息資料，而且還和不同層次的人交談，更具體地了解產品的使用情況，做到心中有數。

李嘉誠還根據香港每一個區域的居民生活狀況，總結使用塑膠製品的市場規律，並將這些資料記錄在他隨身攜帶的小本子上。把多方面的資訊彙集後，目標也就清楚了，以致於他所推銷的塑膠製品一出廠，就知道該送到什麼地方去銷售。

勤奮又能吃苦耐勞的李嘉誠，早在當泡茶掃地的小學徒時，已練就了十二個小時不坐的來回跑動的功夫，而且也能忍受這種長時間的勞累所帶來的腰酸背痛。後來，在他推銷業務期間，爲了省錢，他始終都是以步代車地奔走於香港的大街小巷。

今天的李嘉誠，只要講到這段時光，總是不無自豪地說：

「我十七歲就開始做批發的推銷員，就更加體會到賺錢的不易、生活的艱辛了。人家做八個小時，我就做十六個小時。公司內的推銷員一共有七個，都是年齡大過我而且經驗豐富的推銷員。但由於我勤奮，結果我推銷的成績，是第一名的七倍（除我之外）。這樣，十八歲我就做了部門經理，兩年後，我又被提升當總經理。」

別耍小聰明

日常生活中，我們常常可以看到這種現象：一些很有學問和修養、心裡明白的人，表面卻顯得愚鈍，既不與人勾心鬥角，也不用心算計。正由於這樣，一些無知的人反倒取笑他，背後議論他，並自以為聰明得計。

其實，大凡大智慧、大聰明之人，他們都胸懷坦蕩，胸襟豁達，明白大道理，對於身邊瑣事一目了然，當然用不著處處用心，或者甚至為一點雞毛蒜皮的小事而與人斤斤計較。因此，他們心中總是很安逸，行為也總是很超脫。這好像就是「絕聖棄知」。

而那些只有一點小聰明的人卻正好相反。他們喜歡察言觀色、見縫插針，無孔不入。這種人要是談大道理，便氣勢洶洶，咄咄逼人；談具體事情，便婆婆媽媽，絮絮叨叨，沒完沒了。他要是和別人打上了交道就老是糾纏不清。然而，他長於勾心鬥角，雞蛋裡可以挑出骨頭，沒有事也可找出是非來。

也有的人善於偽裝，見人一臉笑，一副慈眉善目；有的人當面很熱情，相當重義氣，背後卻在設陷阱，下決心陷害朋友；有的則把心思埋得不露蛛絲馬跡，讓人覺得他高深莫測。

這樣的人，表面上很厲害，但內心裡很虛弱。遇上小小的風波，他就惴惴不安，因爲他心目中只有自己那耿耿於懷的私利。碰上大危險，他便感覺自己完蛋了，或犧牲朋友以求自保，或者神思恍惚，一點主張都沒有。

一旦形勢有利，他們就很倡狂。他們發動進攻時，就像利箭一樣迅速、猛烈。因爲，他們時刻都在窺伺別人的紕漏，以求滿足自己的進攻欲與征服欲，並因之使自己獲得好處，證明自己聰明、有水準。

他們要留神什麼時，就像發過誓一樣，咬緊牙關，三緘其口。實際上他們是在等待時機，以求在合適的時候進攻他人。

空洞的東西永遠只是空洞的，與事實不相依屬。不過有一點卻很明確：從造物主那裡得到自己的身體。生命來到世界上，有了形體，就不應參與人世間勾心鬥角、互相傾軋的爭鬥，並在這種爭鬥與傾軋中了結自己的一生。如果人們任其與外物互相戕害、互相折磨，任其如脫韁的野馬一樣走向生命的盡頭，而沒有辦法克制自己，那麼，生命不是太可悲了嗎？

做事篇

一個聰明機智的人，一個做事有板有眼的人，一個養成一身良好的習慣、消除了事業障礙的人，一個虛心勤奮肯於鑽研的人，定會在人生、事業的道路上步步走高，從而擁有很好的前程。這就是李嘉誠成功做事的祕密。

第四章　養成做事的好習慣

抗拒消極態度

我們周圍有許多人常常散發消極悲觀的想法，如果我們在心理上絲毫不設防，那麼要保持積極進取的心境便難如登天了。

因此，你要不時地檢查自己的言行和他人的建議，分辨出其中消極與積極的內容，對許多廣爲流行的消極話語，也要保持高度警覺。還有，你要戒絕下列言詞或心態。

1、「小心一點。」

在此我們指出一個道理：凡事但求「小心一點」的人，絕對不可能有什麼成就。小心謹慎並非處理問題的正面方式；反之，我們要敢作敢爲，積極地駕馭問題。

2、「別緊張嘛！」

當然，我們遇到困難時該沉著應戰，而不應緊張兮兮或歇斯底里。但一般人常掛嘴邊的「別緊張」，往往都是要我們故作輕鬆，這會鬆懈我們的鬥志，使我們出現守株待兔的心態。切勿期待別人能完全替你解決問題，好像解決之道是從天而降似的。「別緊張嘛！」的這種心態，不能幫你處理困難以獲得眞正的輕鬆，反而抑制了你的才智，扼殺了你主動創造的能力。

3、「絕不可能的！」

這句話眞不知道扼殺了多少積極觀念！不要把它掛在嘴邊，也不要讓別人對你灌輸這種消極的態度。實際上，只要我們願意付出時間、精神與耐力，則任何事情都「可能」有解決之道。

4、「馬馬虎虎。」

你一定有這種經驗：你好意問你的朋友最近過得怎樣，但他們大都是說：「馬馬虎虎啦！」這是一句消極的話，雖然無傷大雅，卻能在情緒上引起自覺平庸之感，久而久之，更減損了對生命的熱愛和工作的幹勁。

切記：雖然你不能控制環境，使它事事盡如你意，但你卻可以控制自己的情緒。你要跟自己說，我過得很好。這不是要你像阿Q般自欺欺人，而是要你調適心態，以便創出一番局面。要知道，整個抱著「還可以」心態的人，是很難有什麼「很好」的成就的。

5、「這就是結局。」

事情沒有絕對的終點，任何事情都是過渡性的。這意思是說，每個結束都是新的開始。不要爲過程所困擾，因爲過程不是終點。正如古人所云：「山窮水盡疑無路，柳暗花明又一村。」

總而言之，你要把心靈的頻率調好，以聆聽辨別出積極和消極話語間的差異，進而把後者逐出心靈之外。也許任何難題之解答，總是生於積極進取的心態中的。

積極一點吧！你面對的難題是可以解決的。就算不能澈底解決，起碼你也能加以處理，使之不致惡化。你可以有效地處理（即使不是解決）問題，甚至是從其中汲取人生智慧。不過，你必先能積極地掌握你的生命與思想。換言之，你必先能自我主宰，不受制於諸多外在的力量。

培養積極思維能力

以下五條原則，可以幫助你培養和加強積極思維的能力。

1、從言行舉止開始

許多人總是等到自己有了一種積極的感受才去付諸行動，這實在是本末倒置。積極的行動會導致積極的思維，而積極思維會導致積極的人生態度，而態度是緊跟行動的。如果一個人從一種消極的人生態度開始，而非付諸行動，總是等待著感覺把自己帶向行動，那他永遠也成不了他想做的積極思維者。

2、用美好的感覺和信心去影響別人

隨著你的行動和思維日漸積極，你會慢慢獲得一種美滿人生的感覺，從而信心倍增，人生中的目標感也越來越強烈。緊接著，別人會被你吸引，因爲人們總是喜歡跟積極樂觀者在一起。運用別人的這種積極回應來發展積極的關係，同時

也幫助別人獲得這種積極態度。

3、重視與你交往的每一個人

我們生活在一個快節奏的世界裡，大多數人來去匆匆，一心想著要完成自己的任務。他們往往疏於騰出時間與他們所交往的人談心。

如果你能這樣做，並關心重視他們，就會對他們產生很好的後果，你會使他們的人生更有價值，他們也會給你更豐厚的報答。

我們每個人都有一種欲望，即感覺到自己的重要性，這是普通人自我意識的核心，如果你能滿足別人心中的這一要求，他們就會對自己，也對你抱積極的態度。使別人感到重要的同時，別人也會反過來使你感到重要，因爲大多情況下，你怎樣對待別人，別人也會怎樣對待你。

4、尋找每個人身上最好的東西

尋找每個人的優點和使別人感到受讚賞可以發揮相似的作用。最差勁的人身上也有優點，最完美的人身上也有缺點，你眼睛盯住什麼，你肯定就能看到什麼。如果你總是尋找別人身上最好的東西，就會讓你對他人留有美好的印象，也會使他們對自己有良好的感覺，能促使他們成長，努力做到最好，並且創造出一個積極的、卓越的工作環境。

5、尋找最佳的新觀念

積極思維者時時在尋找最佳的新觀念。這些新觀念能增加積極思維者的成功潛力。有些人認爲，世界上只有天才人物才會想出好主意。事實上，要找到好主意，靠的是態度，而不是能力。一個思想開放、有創造性的人，會哪裡有好主意、就往哪裡去。在尋找的過程中，他從不會輕易放棄，因爲他知道新觀念對他來說就意味著價值和財富。

達到目標的十個步驟

以下是達到目標的十個步驟。

1、先制定通往長期目標的一些短期目標：制訂一個月、六個月或一年的目標，要比制訂長期目標更有效果。有一定的期限，比較容易控制。

2、訂下你目前無法達到的目標，但不要超出你的能力太遠：以自然增加的方式來獲得逐步的成就，這是極重要的。

3、在你身邊團結一些對同一目標有興趣的人士，這樣你可以獲得團體的幫助：還有，和專家探討你的目標，向那些已獲得重大成就的人請教。

4、先想好一個獎品或紀念儀式，那麼，你在完成你的一項成就之後，就有可以慶祝的東西了：這種獎品可能是一次旅行，一次家庭聚餐，一項特別有趣的娛樂活動或一件心儀已久的衣服。

5、試著以不同的方式來紀念新年：把你今年的目標放入一個信封內，鼓勵你的家人也採取相同的做法。在除夕夜或新年當天，把這些信封全部打開，看看你們是否實現了一年前所訂下的目標。這是結束一年歲月的一種極佳的做法。然後，再訂下你新年度的目標。

6、在你書桌上或公事包內的月曆上，寫下你下個月的目標：你打算做什麼？你將到哪兒去？你將和什麼人聯絡？如此可以使你能夠逐步接近你每個月或一年的目標。

7、利用放在口袋中或書桌上的週曆，計劃好你下週的活動日程。

8、利用一張紙，寫下最重要的目標和每天必須優先處理的工作：每天上床睡覺之前，寫下你明天必須完成的工作，每天展開工作之前，先看一下這張紙條，然後再去從事你一天內的第一項工作。把已經完成的每項工作，一一劃掉，尚未完成的則移到第二天的日程表內。

9、不要與消極和疑心重的人共同分享你的目標：應和眞正關心你以及希望幫助你的人共用。一定要接受勝利者的忠告。記住，悲哀總喜歡找人做伴。有些人就是喜歡你和他們一起待在失敗的深淵。

10、每個月存一點錢到你的銀行戶頭中，以便將來需要時使用：這樣，你自己就有了最佳的金錢保障。

耐心是致富的法寶

俗話說，「十年磨一劍」。成大事者，很多情況不能大急大躁，而應有足夠的耐心等待機會和創造機會。這就是李嘉誠的重要法寶。在李嘉誠興建的第一個大型屋村——黃埔花園屋村的項目上，李嘉誠就是運用「十年磨一劍」的精神，以其驚人的耐力獲得成功的。

一九八一年，李嘉誠就準備推出這一宏偉計畫。當時，黃埔花園所用土地是黃埔船塢舊址，按港府慣例，工業用地改爲住宅、商業辦公樓用地，應當交地皮的差價。而當時正好是地產狂熱的階段，按協議的價格，和黃需補地價二十八億港元。由於代價太大，李嘉誠不得不將此計畫暫緩實施。

一九八三年，香港地產業出現低潮，李嘉誠立即抓住大好時機與港府進行談判。結果他僅用三點九億港元就獲得了商業住宅的開發權。這樣，李嘉誠大大降低了發展成本，屋村的每平方英尺成本不及百元。屋村計畫尚未實施，李嘉誠就取得一筆可觀的價值。就此一點，可見他經商術的高明。

一九八四年九月二十九日，中英關於香港問題的聯合聲明在北京簽訂。香港前景驟然明朗，恆生指數回升，房地產界又大顯神威。因此，一九八四年年底，李嘉誠領導的和黃共投資數十億港元興建黃埔花園屋村。這樣宏偉的屋村工程在香港地產業史上是前所未有的，即令在世界範圍，它也足可稱雄。據行家估計，整個項目完成以後，李嘉誠及和黃集團能獲利六十億港元。如此高的回報，實屬罕見。地產低潮補地價，地產轉旺大興土木，地產高潮出租樓宇（整個計畫分十二期，首期一九八五年推出，一九九〇年全部完成），這就是李嘉誠在香港地產界立於不敗之地的祕密之所在。

在香港，建築用地是商業發展的先鋒。興建大型屋村最關鍵的在於獲得整幅的大面積地皮。為此，李嘉誠總是胸懷全局，整天苦思冥想。一九八五年，李嘉誠收購港燈，其實他「醉翁之意不在酒」，他在意的是港燈的土地。港燈的一家發電廠位於港島南岸，與之毗鄰的是蜆殼石油公司油庫，蜆殼另有一座油庫在新界觀塘茶果嶺。李嘉誠收購港燈後，想方設法將電廠遷往南丫島。這樣，李嘉誠運籌帷幄，獲得了兩處可用於發展大型屋村的土地。

一九八八年一月，長實、和黃、港燈、嘉宏四公司向聯合船塢公司購入茶果嶺油庫後，即宣布興建兩座大型屋村，並以八億港元收購太古在該項計畫中所占的權益。這樣，李嘉誠又獲得了兩大屋村。兩大屋村最後盈利一百多億港元。

專心做好一件事

一個人的精力是有限的，把精力分散在好幾件事情上，不是明智的選擇，而是不切實際的考慮。在這裡，我們提出「一件事原則」，即專心地做好一件事，就能有所收益、能突破人生困境。這樣做的好處是不至於因爲一下想做太多的事，反而一件事都做不好，結果兩手空空。

想成大事者不能把精力同時集中於幾件事上，只能關注其中之一。也就是說，我們不能因爲從事額外工作而分散了我們的精力。

如果大多數人集中精力專注於一項工作，他們都能把這項工作做得很好。對一百多位在其本行業獲得傑出成就的男女人士的商業哲學觀點進行分析之後，卡耐基發現了這個事實：他們每個人都具有專心致志和明確果斷的優點。

做事有明確的目標，不僅會幫助你培養出能夠迅速作出決定的習慣，還會幫助你把全部的注意力集中在一項工作上，直到你完成了這項工作爲止。

能成大事者的商人都是能夠迅速而果斷作出決定的人，他們總是首先確定一個明確的目標，並集中精力、專心致志地朝這個目標努力。

沃爾沃斯的目標是要在全國各地設立一連串的「廉價連鎖商店」，於是他把全部精力花在這件工作上，最後終於完成了此項目標，而這項目標也使他獲得了巨大成就。

林肯專心致力於解放黑奴，並因此成爲美國最偉大的總統。

李斯特在聽過一次演說後，內心充滿了成爲一名偉大律師的欲望，他把一切心力專注於這項工作，結果成爲美國最偉大的律師之一。

伊士曼致力於生產柯達相機，這爲他賺進了數不清的金錢，也爲全球數百萬人帶來無比的樂趣。

海倫·凱勒專注於學習說話，因此，儘管她又聾又啞又失明，但她還是實現了她的明確目標。

可以看出，所有成大事者，都把某種明確而特殊的目標當作他們努力的主要推動力。

專心就是把意識集中在某一個特定欲望上的行爲，並要一直集中到已經找出實現這項欲望的方法，而且堅決地將之付諸實際行動。

自信心和欲望是構成成大事者的「專心」行爲的主要因素。沒有這些因素，專心致志的神奇力量將毫無用處。爲什麼只有很少數的人能夠擁有這種神奇的力量，其主要原因是大多數人缺乏自信心，而且沒有什麼特別的欲望。

對於任何東西，你都可以渴望得到，而且，只要你的需求合乎理性，並且十分熱烈，那麼，「專心」這種力量將會幫助你得到它。

一次只專心地做一件事，全身心地投入並積極地希望它成功，這樣你的心裡就不會感到精疲力盡。不要讓你的思維轉到別的事情、別的需要或別的想法上去。專心於你已經決定去做的那個重要專案，放棄其他所有的事。

在激烈的競爭中，如果你能向一個目標集中注意力，成功的機會將大大增加。

李嘉誠金言：以我個人的經驗，有了興趣，就會全心全意地投入，保持這樣的心態，做每一件事情，是沒有困難可言的。做哪一行就要培養出哪一行的興趣，否則，要成功，要出人頭地不容易。

事業成功百分之百靠勤勞換來

這個世界上，做夢都想成爲富翁的人可謂數不勝數。有的人談到成功者總是以「運氣」兩字以蔽之，但是李嘉誠並不同意這一觀點，他認爲，事業的成功有運氣的成分，但主要還是靠勤勞。特別是在一個人尚未成功之前，事業成功百分之百靠勤勞換來。

有人曾專門探討過李嘉誠的「幸運」，頗令人折服。《巨富與世家》一書寫道：「一九七九年十月二十九日的《時代》雜誌說李氏是『天之驕子』，這含有說李氏有今天的成就多蒙幸運之神眷顧的意思。英國人也有句話：『一盎司的幸運勝過一磅的智慧。』從李氏的體驗，究竟幸運（或機會）與智慧（及眼光）對一個人的成就孰輕孰重呢？我們回顧李嘉誠創業的歷史就不難發現，所謂幸運的出現總是以智慧和勞動做基礎。如果光有幸運而沒有努力，那麼成果也會是無根之源，無本之木。」

針對人們的這些問題，一九八一年，李嘉誠對這個問題發表看法，他指出：「在二十歲前，事業上的成果百分之百靠雙手勤勞換來；二十歲至三十歲之前，事業已有些小基礎，那十年的成功，百分之十靠運氣好，百分之九十仍是由勤勞得來；之後，機會的比例也漸漸提高，到現在，運氣已差不多要占三至四成了。」

一九八六年，李嘉誠繼續闡述他的觀點：「對成功的看法，一般人多會自謙那是幸運，絕少有人說那是由勤奮及有計劃地工作得來。我覺得成功有三個階段。第一個階段完全是靠勤勞工作，不斷奮鬥而得成果；第二個階段，雖然有少許幸運存在，但也不會很多；現在呢？當然也要靠運氣，但如果沒有個人條件，運氣來了也會跑去的。」

李嘉誠認爲早期的勤奮，正是他儲蓄資本的階段，這也就是西方人士稱爲「資本積累」的觀念。不過，在香港每天工作超過十小時、每星期工作七天的人大概也有十萬人，爲什麼他們勤奮地工作了數十年還沒有出人頭地呢？這其中必有幸運和智慧的成分。

由此可見，李先生認爲勤奮是成功的基礎乃是自謙之詞，幸運也只是一般人的錯覺。從李氏成功的過程看，他有眼光判別機會，然後持之以恆。而他看到的機會就是一般人認爲的「幸運」。許多人只有平淡的一生，可能就是不能判別機會，或看到機會而畏縮不前，或當機會來臨時缺少了掘「第一桶金」的意識。也有人在機會來臨時，因爲斤斤計較眼前少許得失，把好事變成壞事，坐失良機。

第五章　敢為自己做主

決策要注意審時度勢

李嘉誠指出，審時度勢大膽決策是成功企業家的必備素質，在危機關頭，應忌諱那種當斷不斷猶豫不決的決策心態。

許多商業名家在評價李嘉誠成功之路時說：「……縱觀他的大半生，他的所有行動和心理，都具有鮮明的個性。非李嘉誠所不爲，非李嘉誠所不能的。有人稱他經營房地產實在是大企業家的風度和氣魄，我認爲還要加上職業賭徒孤注一擲的冒險精神。」大膽、勇爲、冒險、創新，這就是李嘉誠風格，也是所有成功人士審時度勢的特殊本領。

同樣，以不到五百美元起家，最後主持年營業額達數億美元的ＩＭＧ國際管理顧問公司的美國人馬克・麥考梅克，就是這樣一位能審時度勢的企業家，他指出，如果把人生當作一盤賭局，那麼，審時度勢最重要的在於懂得什麼時候下注，如何下注。而他自己正是憑著這種本領，在經營活動中，使自己能夠以逸待勞，以少勝多，從容不迫地獲得巨額商業回報。

當然，要學會科學決策，必須不斷學習。李嘉誠指出，科學地進行投資決策是當代管理實踐提出的迫切要求，精明的商人懂得在實踐中提高自己，對不努力學習決策的結構和思維方法十分忌諱。

從現代角度來看，科學地進行投資決策，是當代管理實踐提出的迫切要求，是工商企業獲得良好經濟效益的根本保證。從一般的意義上來講，科學投資決策的基本要素主要應包括四個方面的內容：即決策者、決策的原則、決策的程式和決策技術。

決策者是決策的關鍵。決策者可以是一個人，也可以是一個集體。它是進行科學投資決策的基本要素，也是諸要素的核心要素和最積極、最能動的因素。它是決策成敗的關鍵。

李嘉誠指出，決策者的智力結構相當重要。一個具有合理智力結構的決策者，不僅能使每個人人盡其才，而且通過有效的結構組合，迸發出巨大的集體能量。另外還有兩項對於決策者而言相當重要：

1、決策者的思維方法是重要條件

人類思維方法可以包括抽象思維、形象思維、靈感思維及創造性思維四種。抽象思維善於拋開事物的千姿百態的具體形象而抓住本質，適用於程式決策；形象思維用直觀或藝術形式在虛無縹緲的條件下來確定目標；創造性思維可以在山窮水盡的情況下，思路縱橫，頓開茅塞。

2、決策者的品德修養是重要基礎

決策者必須率先垂範，以身作則，以自己良好的形象創造良好的組織風氣和人際關係。要有民主作風，相信和依靠廣大職員群眾，集思廣益、博採眾長以調動下屬的積極性和主動性。這是決策成功的重要基礎，也是決策順利實施的保證。

不要總等著別人的幫助

朋友總會在你需要的時候幫你一把，但如果你以此爲由，凡事遇到困難總等著別人的幫助，那就變成無能之輩了。在公司裡，經理吩咐你完工以後要打掃一下辦公室，你照辦了。第二天，經理沒吩咐，你就不打掃，那你可能要不了幾天，就得靠保險金度日了。

總等著別人吩咐和幫助的人是沒有主見、沒有遠見的人。他們往往不知道要做什麼、爲了什麼而做、自己的目標是什麼。他們總抱著一種懶惰的態度去等待，否則就是停止思考。他們永遠是活在現在、看著現在，他們不會去想明天該做什麼，也不知道明天該做什麼。要想成就事業，沒有預見、遠見顯然是不行的。

「船王」包玉剛、「塑膠大王」王永慶、「旅店大王」希爾頓，哪一個不是一有空就想著以後會怎樣、以後該做什麼？如果你等到別人告訴你：外面女鞋緊缺，做女鞋可賺大錢，等你湊錢建廠產出皮鞋的時候，人家已把皮鞋當雨鞋穿了。時代節奏變化如此之快，總等吩咐的人只能永遠搭末班車。

總等著別人吩咐和幫助的人最容易上當受騙。要知道，騙子最喜歡沒主見的人。在毫無主見的人面前，騙子總顯出很有主見的樣子，會振振有詞地告訴你怎樣可以賺大錢，於是你就心甘情願地把錢給了他。很多人被騙，其中一個原因都是因爲沒主見。

總等別人吩咐和幫助的人總會被別人忽視，依賴性強是他們的致命弱點。一時地依賴別人，會讓別人感到一種成就感和滿足感，但一味地依賴別人，別人就會感到是一種累贅。依賴性強的人去做生意只有虧本的份；總等著吩咐的人在公司裡永遠得不到提升；依賴性強的丈夫會被妻子認爲無能；依賴性強的妻子會助長丈夫的大男人主義。那麼，如何消除依賴性、培養獨立意識呢？

1、首先要逼著自己去思考問題

依賴性強的人總是懶於思考。凡事要試著自己去思考，慢慢培養一套自己的邏輯，不常思考的人思考起來總比較吃力，常思考的人就會輕鬆許多。

2、不要輕信別人

凡事都要經過自己的考慮，即使是別人的吩咐也要經過自己的分析。只有這樣，才能形成一種獨立的意識，也會避免上當受騙。

3、要不斷豐富自己的閱歷

只有多看、多聽、多學，才能形成自己的思考，才能輕而易舉地預見未來，才會給自己定好目標。

決定之後決不更改

在李嘉誠的經營決策中，最值得一提的是他在每決策一件事情之前會全盤考慮、全面分析，一旦事情決定之後，便堅決果斷地實施，絕不拖泥帶水。特別是李嘉誠在處理問題時有一個良好的習慣，就是遇事從來不「鑽牛角尖」，他會全盤考慮、權衡利弊，然後挑選一條快捷的道路，這常常表現在他「見好就收」的看家本領上。一九七八年他曾希望收購九龍倉，一九八〇年欲收購置地及怡和，但遇到反收購行動就放棄，得些好處就收。

不僅如此，李嘉誠第一次大規模投資海外，是付出七千七百萬美元收購英國皮爾遜公司股權，當遇到皮爾遜管理階層提出抗議時，李嘉誠就趁機獲利一千三百萬美元並聰明引退，再次表現他「見好就收」的本領。他這種克制常人都無法回避的虛榮，正好顯示他拿得起、放得下的大將之風。

眾所周知，李嘉誠作爲世界級巨富的騰飛行動，主要表現在他眼光獨到的房地產開發上，當人們採訪李嘉誠，希望他談談經營房地產的心得時，李嘉誠說：「不能說是心得，或者我告訴你們我的做法。我不會因爲一日樓市好景，立刻買下很多地皮，從一購一賣之間牟取利潤。我會看全局，例如供樓的情況，市民的收入和支出，以致世界經濟前景，因爲香港經濟會受到世界各地的影響，也受國內政治氣候的影響。所以在決定一件大事之前，我很審慎，會跟一切有關的人士商量，但到我決定一個方針之後，就不再變更。」

做一個有「腦子」的人

多多聽取他人的意見是對的，但你仍要有自己的主見才行。人家的意見只能供你參考，但不是你的決定。如果你過於信任別人的話，人家說東，你就向東，人家說西，你就向西，結果你將遇到比不聽取他人的意見更大的危險！

有一個朋友曾說：「我小的時候，生在一個有錢有勢的人家裡，父母對我愛護得眞是無微不至，穿的，吃的都用不著我來動手，因此，當時造成我一種十分依賴的個性，既不用操勞，更不必用腦！」

「如果當時我大膽離開了這樣一個家庭，」他接著說，「乘舟遠渡重洋，走到需要我操勞用腦的環境中去，也許我現在的自信心要強多了。但可惜當時我不是那樣一個頑皮的孩子。我很老實，於是也就被老實所誤。」

當然，假使任何事情都有別人來代你解決，任何錯失都有別人來代你擔當，任何責任都有別人來負，那麼你的生活將是多麼安閒愉快啊！可是，如果再進一步想一想，那時你將成爲怎樣的人呢？——別人會批評你是「扶不起的阿斗」！

請你立刻審查自己一番吧！你小時候是不是處處都得依賴你的父母？在學校裡，你的功課是否常請同學們幫忙？你在工作時，是不是常常請他人來代勞，自己卻伏在桌上打瞌睡？你平日做事是不是常常見風轉舵，沒有絲毫主見？如果你發現自己的確有這些不好的依賴習氣，那麼請你立刻痛下決心，重新開始做一個有志氣、有腦子、獨立自主的人。

但這不是說你應該完全擺脫他人的幫助，做一個我行我素的人。你仍是需要他人的幫助的。只要你有自己的目標、主見和行動，那麼你不妨盡量吸收別人的建議，作爲達到你的目的、校正你的主見、加強你行動的最好助力！

總之，使你獲得有益指導方法是：打定主意，要從別人的意見裡，尋出一個最正確的結論來。但在你還沒判斷別人的意見是否正確之前，切勿盲目依從、任人擺布，否則你將會吃虧上當。

當然，在你徵求他人意見之前，必須先略知對方對於你所要解決的問題，有沒有相當的經驗或學識。如果你明明知道他對這事毫無頭緒，那麼，即使對方是你多年老友，或是在其他方面有過怎樣大的成就，你還是不問的好。這就像你在想投資一筆生意時，去問你那剛上幼稚園的小孩會不會虧本；或者你是一個女性的話，去問你那做建築生意的丈夫，哪一種布料最密實。結果對方不是答非所問，就是認爲你在開他的玩笑。

不要太在乎別人的眼光

人都是要面子的，在人際交往中，人們都比較注意自己的形象，這很正常，但不能死要面子而失去自我。

別人對你的評價總是有差別的，有的人總是挑好的說。如果以此爲據，你可能高估自己，自我感覺良好。於是可能輕視別人，忽視一切，自以爲是。也有人可能專挑壞的講，故意貶低你，這樣你可能低估自己，自卑消極。所以在聽取別人意見之前，首先要有一個正確的自我評價，並以此爲基準。

另外，別人看到的可能只是你的表面或一個方面，眞正全面、清楚了解自己的還是自己。只有天生沒有主見的人才會整天打聽別人對自己的評價。雖然有時候可能會出現「當局者迷，旁觀者清」的情況，但大多數情況下旁觀者的意見只能作爲參考。

太在乎別人的「眼光」還有一個缺點，就是會使你做事放不開手腳，養成猶豫不決的性格。如果一個企業家太在乎工人的「眼光」，他就不是一個強有力的管理者。在發獎金的時候，他會首先考慮到副理會怎麼想，科長會怎麼議論自己，然後那些工人會不會認爲我不照顧他們，還有保全會不會認爲自己不體貼他。這樣，不調整十幾遍，獎金是發不下去的。

如果是個歌手，上台之前就東想西想，一身衣服會換上十來次，最後還是帶著疑惑上場，上場後發現掌聲沒料想的熱烈，心裡又嘀咕了……這樣的歌手肯定是唱不好的。而如果是個外交部長，那可能就會被人家牽著鼻子走，把自己國家都給賣了。太在乎別人的「眼光」肯定會以失去自我、失去個性作爲代價。沒有自我、沒有個性的人肯定成不了大事，也不可能知道自己的價值。

和人交往的最佳境界是不卑不亢，這樣才能不失自我。一個小職員見到總經理的時候很可能拘謹得語無倫次，而當他跳出總經理的圈子，就可能是大方自如的。當你太在乎別人的時候，你也不知不覺地就失去了自我。在現實生活中，我們經常會發現，有些我行我素、對別人反應遲鈍的人卻往往很讓人佩服。只要我行我素而不侵犯別人，他們總是很受人歡迎的。

培養判斷力

判斷力對一個成功者來說太重要了，任何一個人做任何一件事情，他都需要對其進行評價，然後判斷其好壞與否，最後才能決定是否實施，而實施的結果則完全繫於其判斷之上。

工作做不好的一大原因，就因爲在零星細小的事務上多費了工夫。在小事上所浪費的時間儘管不多，可是若再欠缺判斷力，那就很可能引起嚴重的後果。

對瑣碎的事情欠缺判斷力的人，不論對什麼事情，總是想得太過分。例如：怎麼辦才好？不辦怎樣？辦了又怎樣？等等，如臨大敵。結果，時間虛擲，沒有一樣事能做得完美。

再者，爲避免錯誤、失敗，遇事無不斟酌再斟酌，考慮再考慮，以致坐失良機。這種事也是常有的。

這些人也許是要使事情辦得完美無瑕吧！然而，往往是事與願違。

他們恐怕也並非是故意要將工作延緩，只是太過認眞了，以致無論對任何事情，都要絞盡腦汁地去思考，結果是徒勞無益，使工作停滯不前。

因此判斷力的培養非常重要，接下來我們談一談判斷的分類。

人的判斷通常有如下四種類型。

1、**極端保守主義型**：屬於這類型的人即使做瑣碎的小事，也要費很多時間，思來想去之後，結果是什麼也沒做。

2、**普通的保守主義型**：浪費了許多能力和時間，結果總算還能做某種程度的工作。

3、**進步主義型**：這是下決心快，並能立即付諸行動的類型。如果再有其他事，又會立即去應對。

4、**激進主義型**：這種類型的特點也是下決心很快，但卻不立即行動，而要辛苦地將決心正當化，而且因爲非常地固執於此，最終和第一類型無多大差異。

因此，應該說，我們贊成進步主義型的判斷，這種判斷力也是最能促成成功決策的一種判斷力。但是在實際生活中它同樣也需要加以修正。

比如說，機敏的決斷應當是一種補充，一般說來這種判斷比費時良久的深思熟慮更趨正確，這是因爲，所謂人的思考，時間越長，受到先入爲主或隱而不顯的偏見左右的機會就越多。思考時間長的人，大都是不能成就大事的，這些人的決斷易爲偏見所左右。

決定事情要迅速，越是快捷，越會得到好的結果。有時直覺是最寶貴的才能，而猶豫不決無異於裹足不前。

另外，培養迅速決斷力的方法，要大膽而肯定地運用自己的判斷力，不要害怕犯錯誤。實際上人們常常會遇到這樣的情況：爲求得工作更完善，不免拘泥於瑣碎的細節；擔心犯錯誤，結果常常適得其反。

最後，爲了使決斷敏捷，必須堅持某種原則或某種目標，這是十分重要的。爲了微不足道的小事，往往搞得頭昏腦脹，反而把重大的事情給忘了。這是沒有決斷能力的人的通病。

有決斷力的人，堅持看問題核心的原則。抓住原則就會排除混亂，展現坦途。

爲了人生零星瑣碎的事情過分思慮是愚蠢的。一切事情越能乾淨俐落地決定，越不會招來損失。

敏捷地作出決斷，這是取得成功的祕訣。

李嘉誠金言：我凡事必有充分的準備然後才去做。一向以來，做生意處理事情都是如此。例如氣象台說天氣很好，但我常常會問自己，如五分鐘後宣布有颱風，我會怎樣。在香港做生意，亦要保持這種心理準備。

鼓勵自己作出重大決定

鼓勵自己作出重大決定的關鍵在於讓自己能夠正確面對。我們知道，人沒有方法可以知道每件事，但是有辦法可以在你決定前，多知道一些。也有方法可以給你時間思考。

1、不要害怕做決定

許多人都害怕做決定，因爲決定對他們而言，都是未知的冒險。而且最使他們困惑的是，不知道這個決定是否重要，是否對錯。因爲不知道這點，他們毫無頭緒地浪費力氣，擔憂無數的問題，最後什麼都沒處理好。

2、不要臨時做決定

做決定似乎就像在你不知道你眞的想要何物時，隨機扔硬幣一樣。很不幸的是，留給你決定或評估所有選擇的時間太短了，瞬間的決定通常是軟弱，因爲它們總是基於只對目前有用的事實。這樣，結果總是不好，因爲迫使你作出這樣決定的力量，經常會扭曲事實、混淆眞相。當所有的決定都取決於現在時，最好的決定，事實上是老早以前就決定的那一個。

3、決定要反映你的目標

決定應該反映你的目標。假如你的目標明確，要決定就比較容易。沒有目標，你只是在那兒瞎猜而已。

4、做決定不要害怕失去

對你最好的決定可能不是最吸引人的，或是能讓你最快得到滿足的那一個，那就是爲什麼做決定這件事，總是顯得如此複雜的原因。

記住，很少抉擇會讓人完全舒服，想想你一生中所作的重大決定，它們都有退縮的時候。買房子可能會用掉投資在生意上的錢；投資在生意上的錢又可能使一場假期或某個嗜好泡湯。這樣，爲了後來比較大的收穫的決定，卻延後了此刻的享樂。買房子可能是個投資的好辦法，而生意可能讓你能擁有更多的假期。

有時候放棄現在的享樂和作某些犧牲是享受長期快樂的唯一辦法。有時候做一些表面上看起來似乎比另一個選擇差的決定，是你能最終達到目標的僅有方法。

關鍵時眼光要準

一個成功的企業家，不可能獨守一技而獲得成功，李嘉誠的才華更是表現在各個方面。房地產投資的技巧已使他獲得了不小的成功，而在股市上操作的技巧更使他的企業獲得了長足的發展。

我們知道，李嘉誠眞正成功的是靠地產股市。他的擴張史，無疑是一部中小地產商借助股市槓桿，急劇擴張的歷史。以小搏大，層層控股。到一九九〇年初，李嘉誠以他私有的九十八億餘元資金，控制了市值九百多億港元的長實集團。一九七二年長實上市時，市值才一點五七億港元，十八年後市值增長近一百八十倍。以全系市值計，比一九七二年膨脹了五百八十六倍。

歸根結底，李嘉誠在股市的作風，一如他在地產一樣，「人棄我取」，「低進高出」。而作爲李嘉誠搏擊股市的基本定則，「高出低進」的實戰案例不勝枚舉。

一九八五年一月，李嘉誠收購港燈，他抓住賣家置地急於脫手減債的心理，以比一天前收盤價低一港元的折讓價——即每股六點四港元，收購了港燈百分之三十四的股權。僅此一項，便爲和黃股東節省了四點五億港元。

六個月後，港燈市價已漲到八點二港元一股，李嘉誠又出售港燈一成股權套現，淨賺二點八億港元。低進高出，兩頭賺錢。

再如巍城公司開發天水圍的浩大地皮之事。由於港府的「懲罰性」決議，開發計畫瀕臨流產，眾股東紛紛萌生退出之意。

人棄我取，知難而上。看好天水圍發展前景的李嘉誠，從其他股東手中折價購入股權。於是便催生了嘉湖山莊大型屋村的宏偉規畫。長實是兩大股東中最大的贏家。

低進高出，關鍵是眼光要準。股市的興旺與衰微，大都與政治經濟因素有直接關係，大致有一定的規律性。要研究和掌握這個規律，就要密切關注整個國際間的時勢。

作爲系列上市公司首腦的李嘉誠，在股市的表現與他在地產的表現一樣令人折服，傳媒稱當時爲「中小地產公司的長江實業，初試啼聲，已是不凡」。

一九七二年，股市大旺，股民瘋狂，成交活躍，恆指急攀。李嘉誠藉這大好時機，將長實騎牛上市。長實股票每股溢價一港元公開發售，上市不到二十四小時，股票就升值一倍多。這便是典型的「高出」。

一九七三年大股災，恆生指數到一九七四年十二月十日跌到最低點一百五十點的水準。一九七五年三月，股市跌後初愈，開始緩慢回升，深受股災之害的投資者仍「談股色變」，視股票爲洪水猛獸。就在這個時期，在李嘉誠的安排下，長江實業發行兩千萬新股，依據當時低迷不起的市價，每股作價三點四港元。李嘉誠宣布放棄兩年的股息，既討了股東的歡心，又爲自己贏得實利——股市漸旺，升市一直持續到一九八二年香港信心危機爆發前。長實股升幅驚人，李嘉誠贏得的實利遠勝於當年犧牲的股息，李嘉誠以自己的充足信心和投資技巧眞正實現了長線投資、長線回報的目的。

李嘉誠創業五謀略

創業艱辛，但艱辛中又有著成功的快樂。李嘉誠在其早年的創業實踐中，抱著「摸著石頭過河」的心理，從開始的迷惘之中尋找到了一條致富的捷徑。

1、重視時機和資訊的運用

從李嘉誠的創業史，我們可以看到，他對時勢的準確判斷和創業時的獨立果敢，而這都建立在他對資訊的分析和把握上。另外，由於資金不足，李嘉誠採取「以農村包圍城市」的戰略方針，以最少的錢辦最大、最多的事，並根據創業的不同時段採取有效對路的工作方式，因而初戰告捷。更值得指出的是，李嘉誠能從兩條看似風馬牛不相及的資訊中分析出全世界將會掀起一場塑膠花革命。而此時的香港，塑膠花的生產和銷售尚爲零。李嘉誠洞燭先機，全力投入。

2、重視品質，善於公關

李嘉誠創業過程中十分注意品質管制，並自覺運用公關手段解除危機。例如，創業不久，李嘉誠因追求數量而忽視了品質，使長江廠四面楚歌。面對挫折，李嘉誠採取「負荊」拜訪等幾手招數，起死回生。而當同行競爭短兵相接時，一些廠家拍攝長江廠的破舊廠房在報章發表，企圖以揭短的反面宣傳使長江廠信譽掃地。李嘉誠卻將計就計，運用太極推手的精義，突出奇兵，充分利用了這種免費宣傳，正面宣傳了自己。

3、學習先進技術，把握市場脈搏

李嘉誠爲了尋找企業的新出路，不惜以旅遊簽證飛赴義大利學習塑膠花技術，通過耳聞目睹和與技術工人交朋友等多種手法獲取了第一手資料。回到香港後，搶先生產出塑膠花，又以高瞻遠矚的準確定位牢牢占領了市場。爾後，他又看好股份制，借雞生蛋，使長江實力迅速擴充。特別值得指出的是，李嘉誠十分注重市場的把握，他立足穩定後又想方設法繞過洋行中間商，直接與外商交易，牢牢掌握了市場的主動權。終於，以其精誠，以其一生中最大的一次冒險贏得了歐洲和美洲的大客戶和市場，成爲全球首屈一指的「塑膠花大王」。

4、進入房地產市場，採取穩健戰略

應該看到，李嘉誠獲得成功的重要轉捩點是進入房地產市場發展。但與眾不同的是，李嘉誠挺進房地產的原則是謹慎入市、穩健發展。具體做法是不賣預售屋，不貸款、不抵押，只租不售，從而有效地避開銀行擠提、地產危機。特別是在二十世紀六〇年代後半葉，香港地產有價無市，到處賤價拋售物業。李嘉

誠審時度勢，人棄我取，趁低吸納，這一招奠定了他成爲香港首富的基石。而由於採取了穩健戰略，使得李嘉誠能夠擊敗置地，競投地鐵中環站和金鐘站興建權中標，這是李嘉誠以弱勝強的戰例之一，其中李嘉誠的精確分析及周密行動令人嘆服。

5、把握投資策略，在耐心中求發展

李嘉誠進入房地產投資領域之後，有效地把握了投資的策略，他針對當時的市場需求，相繼興建多個大型屋村，贏得「屋村大王」稱號。而且在補地價的時機選擇和換地的超前籌劃方面，令人擊節叫絕。爲了奠定自己的堅實地位，李嘉誠的大型屋村醞釀十年方始出台，讓人佩服李嘉誠的深厚功力。而在土地拍賣場上，他又被稱爲「擎天一指」。更值得指出的是，他以長遠的眼光與和黃主席胡應湘聯合推出的「西部海港——大嶼山戰略發展計畫」，催生了中英兩國政府的新機場建設規畫，這一切都是大手筆。

第六章　不要難為自己

做人做事別太固執

固執己見似乎讓人感到很性格，但更多時候給人的感覺是頑固不化。

太固執的人總會自以爲是，很輕易地得出一個結論後，就認定是最終眞理。如果別人有不同看法，就肯定是人家哪兒出問題了。太固執的人也很容易輕視別人、否定別人。太固執的人常常剛愎自用。三國名將關羽之所以最後敗走麥城，被俘身亡，最大的一個原因就是固執偏激、剛愎自用。

太固執的人很容易對人產生偏見。在他們眼裡，如果爺爺是小偷，那麼他的孫子也好不到哪兒去；一個人從監牢裡出來，他這一輩子肯定不會做好事……讓一個太固執的人去當老師，班級裡的「壞學生」永遠得不到翻身；讓一個太固執的人去做老闆，他的職員永遠不能犯錯誤。但是，世界牛仔大王李維．史特勞斯的公司有百分之三十八的職員是殘疾人員和一些有犯罪前科的人，他們在那裡都做得好好的。

太固執的人不易接受新事物。他們總認爲自己的一套是最佳的，他們對新事物其實根本不了解，但他們卻煞有介事地說出一大堆憑空想像的侷限和不足，儼然像專家。他們會堅持認爲電腦沒有算盤準確，即使他兒子還是個電腦工程師；他會認爲生兒子當然比生女兒好，即使他女兒成了名人，他也會堅持認爲這是上帝開的一個玩笑。

太固執的人肯定沒有好的人緣。要想改變這種壞脾氣，首先得試著去理解人，試著從別人的角度來考慮問題。抱著一個信條：在不了解一個人或一樣東西之前，別妄下結論。

認準目標向前走

回顧李嘉誠走過的歷程，你會發現他的行爲軌跡與古人推崇的「文武之道，一張一弛」驚人地相似。李嘉誠是個從傳統文化氛圍中走出來的新型企業家，他能夠自覺或不自覺地去其糟粕，取其精華，使其與現代商業文化有機地結合爲一體。

我們不得不折服李嘉誠在「炒風刮得港人醉」的瘋狂時期，絲毫不爲炒股暴利所心動，穩健地走他認準了的正途——房地產業。

一九五八年，李嘉誠涉足地產；一九七一年將長江工業改爲長江地產，集中發展地產，次年又更名爲長江實業，並成功上市。他當年的重大抉擇，現在越來越顯示出其正確性。

一九七六年，長江實業取得年經常性利潤五千八百八十七萬港元、擁有房地產六百三十五萬平方英尺、資產淨値增至五點三億港元的歷史最好成績。由於李嘉誠採取了穩紮穩打發展地產業的策略，因而使自己在業界實力漸雄，名聲漸響。

而不少房地產商放下正業不顧，將用戶繳納的預售屋頭期（款）、抵押獲得的銀行貸款，全額投放到股市，大炒股票，以求牟取比房地產更優厚的利潤，這種做法加大了房產開發的風險，後來暴發了香港著名的「銀行擠兌風波」，終使那些鋌而走險的商人遭到了經濟規律的懲罰。

當然，李嘉誠從事房產開發也是有原則的，與那些唯利是圖的商人不同，他十分注重自己的公司形象。例如，一九七七年中期，李嘉誠購入大坑虎豹別墅的部分地皮——十五萬平方英尺。虎豹別墅爲星系報業胡氏家族的祖業，據該家族的一篇文章稱：「所謂別墅，其實不是一座私人花園住宅，而是規模宏偉、饒有特色的公園。巍峨屹立的七層白塔，紅牆綠瓦的亭台樓閣、展覽館，碧波蕩漾的游泳池，動物雕塑裝飾著崖壁，還有敍述警世故事的泥塑及假山、山洞等，參觀、遊樂、購物、休息場一應俱全。到過虎豹別墅的人，無不稱讚它的豐富多彩，富麗堂皇。」

李嘉誠購得地皮後，在上面興建了一座大廈。遊客批評大廈與整個別墅風格不統一。李嘉誠遂停止在該地大興土木，盡量保留別墅花園原貌。他這樣做就是爲了向社會輿論表明自己與一般商人不同。

不要走向極端

要麼很好，要麼很壞；要麼是躊躇滿志，要麼是萬念俱灰；稍受鼓勵就信心倍增，稍受打擊就萎靡不振。雖然說人生是一場戲，但你也不能故意把它搞得大喜大悲，這對身心是很不利的。

有極端思想的人往往是一個完美主義者，或者說是一個理想主義者。在事情開始之前，他們總會把事情的結果想像得很美好。由於看了一張介紹創業成功者的報紙，他們就會浮想聯翩：如果我也去創業的話，說不定我能賺個幾百萬，然後我就能買棟房子，另外再買輛車，當然也要給孩子買架鋼琴。而一旦事與願違，他們就會痛苦萬分，極大的反差加上沒有任何的思想準備定會讓他們消沉一段時間。

有極端思想的人往往是易衝動、缺少全面考慮的人。他們對一件事情投入得特別快，他們會調動一切情緒專心於一件事。當他受了別人的啓發，決定開始學外語時，他會專心致志地訂好計畫，而且立刻跑到書店買來外語書，還有一大堆參考書、工具書和ＭＰ３，他還會考慮到家裡的音響不行，馬上去買個新的。但學了三天後，就覺得計畫是否該改一下，參考書是否太深了。再過幾天，就會問自己：學了外語到底有什麼用？然後就可能像沒發生過這事一樣過起了原來的生活。

我們要試著去改變這種極端思想的做法。首先，要有接受挫折與失敗的心理。在事情開始之前，要告訴自己：結果越美，往往困難越多。

要出門旅遊，你不能光想海邊風景多麼迷人，在大海裡游泳是多麼暢快，到山頂眺望是多麼心曠神怡。你得想想在海邊晒半天會很黑，夜裡會皮膚痛，那座山很陡，小心不能摔跤。其次，我們在事前不要把結果想像得太完美，可以告訴自己：能有七分成功就算很不錯了。期望值不能太高，以免失望太多。

當然，我們也可以告訴自己：做事要多看過程，只要我們盡力就行了。萬一我們不幸遭遇失敗，我們應告訴自己：生活大部分時間是平淡無奇的，我們只不過又回到了起點，讓我們從頭再來。

別總是最後才後悔

因爲一件事做得不完美而後悔，或因爲不經意的一句話傷害了別人而後悔，這都是難免的。但如果一個人經常性地話一出口就後悔，那就不大正常了。

這種壞習慣有時候是因爲猶豫不決的性格造成的。有的人面對選擇時，總會考慮得無比周到。從大到小、從前到後，樣樣都考慮，到最後把自己都給搞糊塗了，不知如何作出選擇。好容易在別人的幫助下或在內心的催促下作出了決定，話一出口又馬上就會後悔，心裡想：可能作另外一種選擇更好。

考慮太多會使你「說了常後悔」，欠考慮也同樣使你「說了常後悔」。有些人喜歡信口開河，說話不著邊際，只管吹牛倒也無妨，問題就在一不小心就可能傷了別人，那就只有道歉了。

由於猶豫不決而常後悔的人，總會有種失落感。本來做出選擇是件很痛快的事，而對他來說卻是痛苦的事。去購買一樣東西本來是一種享受，而他卻體會不到這種滿足。上街去吃火鍋，走過日本料理店門前，會禁不住想：吃日本料理也不錯。火鍋已經在面前了，日本料理的香味還縈繞在眼前，火鍋的味道肯定減了一半。

如果你是一個優柔寡斷的人，你得在做決定之前先弄清楚：自己選擇的首要標準是什麼？在作選擇之前先把標準的順序排好，如果只想買支筆，能寫就行，那就挑支便宜的。在作出決定以後，只能想自己選的東西有多少優點，別去想別的，要有一種知足常樂的心理。

而如果是欠考慮、易衝動的人，就要告訴自己：凡事要三思而後言。特別是在感情衝動時，要立即警告自己：別光從自己角度出發，換個角度。和別人開玩笑，不能憑自己想像，你要想想他會不會生氣。在批評人時，也要想想對方會怎麼想，不能光顧自己發洩。在承諾別人時，不能光讓對方滿意，要考慮一下自己能否承受得了。

量力而為

世上眞有人能成爲永遠無懈可擊的霸主嗎？只要我們不斷學習，就一定能變成大文豪嗎？

其實，我們每個人都有自己的能力上限，不可能樣樣都行。能力極限可能是由於自己體力、心智或情緒上的缺陷所致。

此外，外在環境的因素也可能從中作梗，使我們無法培養出一項專門技能來。更糟的是，儘管我們堅持每個人都擁有基本的人權，而且也有法律來保護，然而各種歧視仍然充斥於各行各業，如社會經濟領域的歧視、人種的歧視，還有宗教、性別、年齡和種族歧視等。這些非理性的歧視，往往也構成了我們取得成功的巨大障礙。

爲了向別人或自己證明自己的能力，強迫自己去做能力所不能及的事情，不僅會累壞自己，而且還會平白浪費了寶貴的時間。儘管如此，卻還是有很多人仍然樂此不疲。

我們的確聽說過某人在情勢不利的情況下還奇蹟般地完成了一件偉大的事情。以一位骨瘦如柴的人爲例，本來人們都已經把他當病號看待，但由於他每天堅持在沙灘上奔跑，經過近一年的努力，他不僅身體變得強壯起來，而且還贏得了世界盃競走冠軍。不過，除了這類催人前進的故事外，我們還聽到大量的是關於許多人因爲眼高手低而摔得四腳朝天的故事，聽到這些故事就沒有那麼迷人了。

經常有人對我們說：「哪怕只有百萬分之一的機會，我也要試試看！」我們問他是否常買彩券，他回答：當然！接著，我們問他是否中過獎，他的答案卻是：哦！還沒有中過。遺憾的是，這種通過買彩券中大獎的企圖，不知道讓多少人不惜掏腰包去買彩券，這使他們越來越窮。

如果你要爲自己定下一個踏實的目標，就必須誠實面對自己的長處與短處，了解自己的能力與極限。如果你覺得困難重重，那麼正規的性向測驗或許可以助你一臂之力。

不管是正規的生涯指導也好，還是簡單的自我評價也好，老老實實地對自我作個評價，可以使自己明瞭自己的能力。這樣一來，我們就不會強迫自己扮演不適當的角色，更不會爲了自己能力所不及的事情而做無用之功。如果你擅長打網球或高爾夫球，你當然可以試著讓自己打得更好，不過千萬不要對自己要求得太過火——除非你已經練就了一手好功夫，否則千萬不要以榮登網球賽或世界名人高爾夫球賽冠軍寶座爲目標。

或許讀者會問：有誰會這麼想呢？到底有多少人會把自己的目標訂得這麼高？事實上，我們就眞的見過很多人把自己的目標訂得太高，而且用盡力氣想去達到這個目標，結果不是落得萬劫不復的下場，就是摔得鼻青臉腫。

如果你有把握達成自己的目標，那就全力以赴地去做吧！然而，如果你在使盡了吃奶的力氣後，仍達不到自己的目標，那你就應該重新評估一下情況。千萬不要以爲用頭猛撞就能撞開岩石！如果你在身心俱疲、氣餒而又備受挫折的情況下，仍然沒有完成自己的計畫，那麼就改弦更張吧！適時的改弦更張，不僅能使你不再因爲缺乏成就感而感到挫折，而且在追求個人目標的同時，適時對自己的目標提出質疑，也會使自己獲得成長。

學會釋放壓力

東晉大詩人陶淵明厭倦塵世喧囂，辭官歸隱，飲酒賦詩，云：「結廬在人境，而無車馬喧；問君何能爾，心遠地自偏；採菊東籬下，悠然見南山；山氣日夕佳，飛鳥相與還；此中有眞意，欲辨已忘言。」閒適恬淡之韻味溢於言表，他所追求的正是一種悠閒自在的桃花源式的生活——他不願承受壓力。

在匆忙緊張的現代社會裡，老莊哲學似乎顯得有些落伍了。不甘寂寞的現代人無法安於閒適，他們崇尚功名，更願意從事艱巨繁忙的工作，即便屢遭險阻、飽受壓抑，也在所不辭，因爲他們害怕被淘汰，精神緊張可以製造一種充實的幻覺。此時，人們已步入了壓力的誤區。

那些在生活和工作中承受著巨大壓力的人們往往受人景仰，成爲學習的楷模。我們很多人從小就受到激勵，要做這種工作賣力、肩負重擔的、有出息的「社會棟樑」，要敢於和別人競賽。能夠向人坦言「我這人很耐得住壓力」，顯得是一件很值得驕傲的事情。而人們在向心理醫生進行諮詢時，也多是詢問如何才能進一步提高自身的「耐壓能力」，以使自己可以應付更多更重的工作和學習任務。

更糟的是，人的精神運動具有一種被動適應的特性——面對多大壓力就基本上能夠承受多大壓力。你也許會發現：宣稱自己很耐得住壓力的人總是眞的承受著巨大的壓力。如果你受到鼓勵，別人要求你進一步提高耐力，你就眞的能夠忍耐更多的困擾、承擔更多的責任——直到承受力達到新的極限。即使是在不甚緊張的機關事業部門工作，你也得學習不斷提高自身的壓力承受力。甚至連專門教人如何釋放壓力的心理醫生自己也感到壓力重重！這眞是一種遺憾！

能夠承受一定的壓力是很有必要的，可以鍛鍊人的意志，使人不致過於脆弱，在人生的旅途中經得住風浪的考驗。但是，壓力本身並非人生目標，實做和成績才能夠實現人生價値，而非一味承受壓力、精神緊張。所以，不可爲承受壓力而主動給自己加壓；相反，我們應該學會適當釋放自己所承受的壓力，否則，最終將爲自己引發危機！我們確實應該改變慣有的心態，尋求一種新的工作和生活方式。

在壓力引發危機之前，你就應該及早重視它。壓力的累積就像滾雪球下山——當雪球還很小，速度也較慢時，是較容易控制的。等它越滾越大、越滾越快時再想讓它停下來，即便不是不可能，也是相當困難了。大腦運轉不過來；時間總不夠用；對工作和學習感到厭煩，難以應付……這些都是你應該注意到的「減速信號」。

不要一味死做，面對一大堆雜亂無章的事情時，首先擰開你思想上的緊張閥門，釋放壓力——做深呼吸，走出房間到林蔭道上散散步。心緒平和下來後，再回到你的書桌前，鎮定自若，想像自己能量巨大，運籌帷幄之中，決勝於千里之外。

事情再多，也得一件件地做，所以，你應該考慮清楚諸事孰輕孰重，誰先誰後，再提筆把計畫寫下來，列出你的條理，這樣有助於理清你的思維——理論明確了，就可以很好地指導實踐。正所謂「磨刀不誤砍柴工」，看似不相關的「多餘」程序其實很有必要。多花點功夫放鬆自己，你會在事情的順暢進展之中贏得更多的時間。你要先學會投資，然後才能考慮豐厚的回報。

學會釋放壓力，你會發現自己並沒有太多的「必要」壓力需要承受，自然也就不用絞盡腦汁去想該如何應付壓力了。

排遣緊張與壓力的方法

古希臘哲學家曾說過：「人生以快樂爲目的。」放鬆下來，調節情緒，排遣工作時的緊張與忙碌。

現代社會，高效率、快節奏更加劇了人們的緊張與壓力。每天來去匆匆的人們在辦公室與家庭之間快速旋轉，人們的身心都很疲憊。

還有更糟糕的，緊張與壓力之下，人們心情憂鬱而逐漸出現了心理疾病：憂鬱症、躁鬱症、精神分裂症等種種精神疾病。掌握排遣緊張與壓力的方法是現代人所必不可少的技能之一。

或許運動是一種最直接、最有效的方法之一。去打球、去健身、去參加舞蹈比賽，甚至於唱ＫＴＶ都能充分享受到放鬆與愉快，在呼吸與心臟自然地跳動中放鬆自己的腦神經。試著每天堅持作一種運動，在盡情地放縱自己的身體中，你不會感到緊張的情緒。

與家人、朋友的共處也是一種很好的方法。當孩子們放學回家時，他帶給你的天倫之樂可以讓你暫時忘掉工作中的煩惱。孩子們稚語中談到的學校話題以及家人的私事將會把你的工作和生活截然分開，讓你充分享受家庭的幸福生活。

在假期裡充分休息，過一段新鮮、快樂的日子也是放鬆情緒、消除壓力的靈丹妙藥。假日裡，去郊遊、去踏青，在春光明媚的大自然中充分享受造物主所賜予的美景。這很容易使你頭腦保持清醒、身體更加輕鬆，假期結束後，很自然地提高了效率，有了較高的工作品質。

不斷地改善自己或許也可以使我們輕輕鬆鬆換種生活方式。或是談戀愛，或是美容，或是認識新朋友，或是學習鋼琴演奏，只要覺得自己在變化，就會給自己的工作和生活帶來新的歡笑和愉快。即使是去購物也比千篇一律地重複著上一週的日子要好得多。

我們還可以增加自己的幽默感，看看喜劇片，讀些幽默故事和笑話，與那些性格開朗的人說說笑笑，在尷尬與窘困時自我解嘲，這或許是你放鬆壓力最快捷的方法。

無可無不可

孔子曾說：「君子之於天下也，無適也，無莫也，義之與比。」也就是說，君子對於天下的萬事萬物，並沒有規定怎麼樣處理好，也沒有規定怎麼樣處理不好，必須根據實際情況，只要合理恰當，就可以了。因此，對於身邊的事理如何看待，採取什麼樣的態度，孔子的方法值得我們借鑑。

孔子在評價古代幾位名人時認爲，伯夷、叔齊是一代賢人，堅持眞理，有所不足，但他們「言中倫，行中慮」，說話合乎法度常理，行爲經過深思熟慮；虞仲、夷逸的特點則是「隱居方言，身中清」，能逃避現實，隱居下來，放肆直言，潔身自好。而他自己則不屬於這些人，是「無可無不可」。也就是說，對上述這些人的行爲，有的他是肯定的，他自己也是這樣做的，有的他則是不贊同的，他本人就拒絕這樣做。這種「無可無不可」的處世哲學，要求我們在現實生活中，既要堅持原則，又必須機動靈活。

不堅持原則，一團和氣，就會使我們喪失目標，犯大錯誤。比如經商，根本原則是爲了賣貨賺錢，利國利民，這個必須堅持。仿冒品雖然賺錢，但違法害民。不能賠本賤賣，雖然能獲得消費者歡迎，但不能賺錢，違背經商之道，也不可爲。

不機動靈活，生搬硬套，就會使我們失去機會，坐以待斃。再以經商爲例，在堅持利人賺錢的前提下，採取什麼樣的方法、價格，決不能一成不變。熱情服務，隨行就市，才能成功。經商如此，爲人處世也不例外。

生活中，凡事不可固守死原則，大事聰明，小事糊塗，難以下結論、難以辨是非的東西，採取一種不置可否的態度，既是一種智慧，也是一種品德。否則，聰明過度，妄下結論，往往會使自己處於尷尬的境地，甚至引火焚身。因此，對「無可無不可」的問題，應作如下理解：

1、**能上能下，隨遇而安**。也就是說，自己既可以升官發財，享受榮華富貴，也能安心守貧，面對艱難困苦。不論是一帆風順，還是荊棘坎坷，都能以平靜的心情，坦然處之。

2、能貴能賤，入鄉隨俗。提高自己的修養，增加自己的知識，面對富貴者不卑不亢，面對貧賤者不驕不狂。量體裁衣，不墨守成規。特別是待人接物，要能做到入鄉隨俗，與人打成一片。因爲各個地方生活習慣往往沒有什麼優劣高低之分。

3、尊重他人。這樣才能贏得他人尊重，因而也就是尊重自己。

4、能進能退，左右逢源。爲人處事，要靜如處子，動如脫兔，出乎意料之外，又在意料之中，進不越規矩，退不喪失志向；令人驚嘆而不驚奇，讓人尊敬而不畏懼，羨慕而不嫉妒，進退自如。

5、能爭能容，皆大歡喜。對於該得到的東西，要理直氣壯，努力爭取，決不客氣。優柔寡斷，是無能、懦弱的表現，必須克服。同樣，要有寬容之心、大度之情，要能容得下別人，理解和體諒到他的難處，力爭使每個人都得到滿意。

人生就要不斷學習和總結

李嘉誠指出，不會學習的人就不會成功；不會總結的人就難以戰勝失敗。正因爲如此，李嘉誠一直以不斷學習和不斷總結的精神督促自己，不斷前進，不斷進步。

李嘉誠認爲人生是一個學習的過程，直到今天他仍然堅持不懈地學習，仍然堅持從中英文報刊上吸收各種知識。長江實業的一位高階職員曾經將一篇有關於李氏王國的翻譯文章送給李嘉誠看，李嘉誠一看立即便說：「這不就是《經濟學人》裡面的那篇文章嗎？」原來，李嘉誠早已看過原文。

不僅如此，李嘉誠的閱讀非常廣泛，他希望通過不斷地學習來陶冶自己的性情，李嘉誠曾說：

「一般而言，我對那些默默無聞，但做一些對人類有實際貢獻的事情的人，都心存景仰，我很喜歡看關於那些人物的書。無論在醫療、政治、教育、福利哪一方面，對全人類有所幫助的人，我都很佩服。」

除了學習，李嘉誠還十分善於總結。在規劃與統治自己的李氏王國的過程中，李嘉誠曾經給自己總結出日常管理的九個要點，以利於自己不斷自我鞭策。

1、勤奮是一切事業的基礎：要勤奮工作，對企業負責、對股東負責。

2、對自己要節儉，對他人則要慷慨：處理一切事情以他人利益爲出發點。

3、始終保持創新意識，用自己的眼光注視世界，而不隨波逐流。

4、堅守諾言，建立良好的信譽，一個人良好的信譽，是走向成功的不可缺少的前提條件。

5、決策任何一件事情的時候，應開闊胸襟，統籌全局，但一旦決策之後，則要義無反顧，始終貫徹一個決定。

6、要信賴下屬：公司所有行政人員，每個人都有其消息來源及市場資料：決定任何一件大事，應召集有關人員一起研究，匯合各人的資訊，從而集思廣益，盡量減少出錯的機會。

7、給下屬樹立高效率的榜樣：集中討論具體事情之前，應預早幾天通知有關人員準備資料，以便對答時精簡確當，從而提高工作效率。

8、政策的實施要沉穩持重：在企業內部打下一個良好基礎，注重培養企業管理人員的應變能力。決定一件事情之前，應想好一切應變辦法，而不去冒險妄進。

9、要了解下屬的希望：除了生活，應給予員工好的前途；並且，一切以員工的利益爲重，特別對於年老的員工，公司應該給予絕對的保障，從而使員工對集團有歸屬感，以增強企業的凝聚力。

做生意篇

一個有生意頭腦的人，一個能洞察行情的人，一個有著良好人際關係的人，一個具有良好經商心態的人，一定會在商場上左右逢源，穩步發展，財源廣進。這就是李嘉誠成功做生意的祕密。

第七章　生意場人情關係祕訣

即使競爭也要照顧對方的利益

善待他人是李嘉誠一貫的處世態度，即使對競爭對手亦是如此。我們知道，商場充滿爾虞我詐、弱肉強食，能做到善待他人這點，不少人認爲是不可能的事。過去，香港《文匯報》曾刊登李嘉誠專訪，主持人問道：「俗話說，商場如戰場。經歷那麼多艱難風雨之後，您爲什麼對朋友甚至商業上的夥伴，抱有十分的坦誠和磊落？」

李嘉誠答道：「最簡單地講，人要去求生意就比較難，生意跑來找你，你就容易做。」「一個人最重要的是，要有勤勞、節儉的美德。最要緊的是節省你自己，對人卻要慷慨，這是我的想法。」、「顧信用，夠朋友，這麼多年來，差不多到今天爲止，任何一個國家的人，任何一個不同省分的中國人，跟我做夥件的，合作之後都能成爲好朋友，從來沒有一件事鬧過不開心，這一點是我引以爲榮的事。」

最典型的例子，莫過於老競爭對手怡和。李嘉誠鼎助包玉剛購得九龍倉，又從置地購得港燈，還率領華商眾豪「圍攻」置地。李嘉誠並沒爲此而與紐璧堅、凱瑟克結爲冤家而不共戴天。每一次戰役後，他們都握手言和，並聯手發展地產項目。

「要照顧對方的利益，這樣人家才願與你合作，並希望下一次合作。」俗話說：「一個籬笆三個樁，一個好漢三個幫。」「在家靠父母，出門靠朋友。」商場上，人緣和朋友顯得尤其重要。

在李嘉誠看來，善待他人，利益均沾是生意場上交朋友的前提，誠實和信譽是交朋友的保證。正如在積累財富上創造了奇蹟一樣，李嘉誠的人緣之佳在險惡的商場同樣創造了奇蹟。有人說，李嘉誠生意場上的朋友多如繁星，幾乎每一個有過一面之交的人，都會成爲他的朋友。所以，李嘉誠在生意場上只有對手而沒有敵人，不能不說是個奇蹟。

如何讓生意來找你？那就要靠朋友。如何結交朋友？那就要善待他人，充分考慮到照顧對方的利益。願李嘉誠的故事給我們深思和啓迪。

同行不是冤家，是朋友

豁達之人大都有著對同行的眞誠友情。俗話有「同行是冤家」，這種觀念在現代商戰中已經成爲過時的觀念。在激烈的市場競爭中，其同行間若既能各賺各的錢，又能保持友情，經營效果肯定是引人注目的。李嘉誠就是這樣一個在做生意中既掙錢，又講友誼的人。

二十世紀八〇年代，當時香港大富豪包玉剛，看到九龍倉股票發展勢頭甚猛，大有暴利可圖，他便與同僚商議，立即定下吃掉這塊「大肥肉」的方案，並派人暗中收購九龍倉股票。但這時李嘉誠早已動手進行此事，並一舉奪得九龍倉股票兩千萬股。當九龍倉股價由原來十多元港幣漲到四十元港幣時，出乎人們的意料，李嘉誠則主動以每股三十六元港幣轉讓給包玉剛。對此，下屬實在不理解爲何到嘴的肥肉還吐出來送人，李嘉誠則回答說：「做生意是爲了賺大錢，但只要有門道就可以賺到，而友誼卻很難用金錢來購買啊！」李嘉誠講的是豁達之人的肺腑之言。

讓自己為別人所用

我們喜歡結交勤勞誠實、爲人大方的朋友，亦即不斤斤計較、不怕吃虧的朋友。於是，憑勤勞誠實、爲人大方取悅他人，便不失爲一種做人的藝術。

然而，甚至比勤勞誠實、爲人大方更重要，也許會更受歡迎的人，是直接「對別人有用」的人。

古人說「天生我才必有用」，此說甚妙！無可否認，我們大都不是什麼「社會菁英」的一類，但要說的卻是，我們每個人也許都有點「對某人有用」的用處。

這個「用處」是什麼，因人和因情況而異。

極具諷刺意味的地方就在這裡：你「自以爲是」的長處，對某人可能因爲「沒有用處」而不被視作你的長處。相反的是，有些你認爲不足掛齒的小事、小本領或小關係，也許對某人剛剛「有用」，使你在他心目中升値。

不能武斷地說朋友關係純粹建築在「用處」之上，但可以肯定的是你對朋友的某用處，實在是「促進他對你的友誼」的一大重要條件。

一想之下，我們不禁想到我們對「朋友們」的不少用處，包括從請客吃飯，到介紹工作、介紹朋友，甚至買票和在歐洲買較便宜的名牌包包。連「借出耳朵」聽人訴苦並予以排解，或者拿我們的古董筆出來切磋研究，都是我們這個「不才之人」對眾多友們的用處。爲此這些用處肯定「有助友誼」。

問題就在這裡了，我們用我們的「用處」對一個朋友作出直接的貢獻，有時不費吹灰之力，甚至比勤勞誠實、爲人大方還省事得多。更要指出的是，我們可能不自知，原來自己可以對朋友們如此「有用」，並因自己有用而成爲他（她）的「好朋友」。

一招極重要的做人的藝術，是針對什麼人或什麼事，發掘自己對這個人或這件事的「用處」，利用這「用處」來換取什麼他可能對你同樣有用的東西。

最划算的事，莫如自己對人的「用處」這件根本不費事的東西。要學這招做人的藝術，其實只要用腦想一想：「好吧，我想和這人交個朋友，我有什麼對此人『有用』的地方讓他（她）看上我？」

並非思想功利，只是因爲人際關係上「用處」最能「促進友誼」。所以請不要埋沒自己對別人的有用之處。你也許擁有許多「用處」還沒有拿出來「換取你的需要」。

人情投資要從長計議

我們知道，在日常交往中，人情總是要有的，但是剛有了一點交情就要拚命用完的人確實是太目光短淺了。因爲人情就好像你在銀行裡存款，存的越多，存的時間越久，紅利越多。

你送朋友一個人情，朋友便欠了你一個人情，他是一定要回報的，因爲這是人之常情。有人會覺得，這樣一往一來，彷彿商品買賣，我給了你錢，你就必須給我商品。

其實不盡然。人情的償還不是商品的交易，錢物兩清便兩訖了，那樣太沒人情味。你不欠他，他不欠你，他日你去找他，他憑什麼給你面子？所以，人情的償還必需有機會，否則交情變成交易，你與朋友的臉上都掛不住。

有的人爲朋友做了事，送了人情，等到大功告成，他便不知道自己姓什麼了。簡單地說成複雜的，小事說成大事，生怕人家忘了。

好比有一個人，他幫朋友解決了借錢難題。以後，他每次碰上朋友，聊著聊著就談到了這個話題上，還說上一兩個小時，來說明他的本事有多大，久而久之，他的朋友怕他了，見了他就遠遠地躲開。

這叫賠了夫人又折兵，人情送足了，卻因人情的善後問題而功虧一簣。沒有朋友會因爲你不說，就會忘記你送的人情，多說反倒無益。人家可能盡快地還你一個人情，之後會敬而遠之，即使你再有能耐，朋友亦會另請高明。

所以，做足了人情，給夠了面子，你該坐享其成，不要誇大其詞，最好不誇功，甚至不認帳。不認帳，只是你不認，並不等於朋友不清楚。一旦時機成熟，這些人情就會像出嫁的閨女一樣，都會回到自己的娘家來。

生意場人情投資三原則

生意場上的人情投資應遵循以下幾條比較切實可行的原則。

1、當你擁有幾張初交者的名片，必須迅速出擊，把它充實為十倍、百倍

它將是你人際交往的生命線，是隨時可以啓動和挖掘的「存貨」。這一點的難點是要突破清高顧面子、不主動與人交流的心理障礙，要點是不可太急於將陌生人變成爲客戶，而需要慢慢「和麵」。生意之道是慢工出細活，不能操之過急，交朋友也是如此，要有耐心，通過事實、時間來爭取別人的理解和信任。

2、要做到細節真誠，而細節的真誠又來源於內心的真誠

「以財交者，財盡而交絕；以色交者，色衰而愛移；以誠交者，誠至而誼固。」某種意義上說，客戶至上並不是說給客戶聽，而是說給自己的內心聽，讓內心將其消化，然後散發到點點滴滴的行動中，「潤物細無聲」這一點的關鍵是對對方的理解。理解後才能眞誠相待，才能平平淡淡地把人情做到點子上，讓人眞正感到你的友善。那種熱情誇張、殷勤過火的行爲，反倒顯得過分勉強，不夠眞誠。

3、要樹立你的個人口碑，進而樹立你的企業形象

透過品德的修練，對慣例及規範的秉持，慢慢積累你的影響力。直到眾望所歸，說這個人很不錯，口碑很好，處理問題極其到位。這個時候你的社會資源就非常多，就會有爲數不少的人有意無意地捧你、支持你，你的才能就能得到最大的施展。

生意人要樹立對人際關係長期投資的觀念。有些短期內看似不重要的人和事，長期看就可能很重要。所以精明的生意人如果能把錢適時地投在人才上面，投在一些比較有能力的朋友身上，回報必定遠遠超過你的投入。

全球化時代，隨著和氣生財、與人爲善、共榮共利等觀念的流行，經濟圈中新型人際關係的衍生，社會生活也發生悄然變化。從生意場走出來的人往往變得謙恭、變得和氣，而他們的謙恭及和氣又影響著周圍更多的人，而這無疑是人類的一種進步。

交際高明的祕訣

每個人都有其特殊的個性，我們甚至可以說，世界上絕不可能存在有兩個性格完全相同的人。探討他人的性格，是與他人保持良好交際的重點之一。例如，你的對手是個注重誠意的人，若你有言行不一致的行爲，正是你與他交往的致命傷。相反的，要探討了解對方的弱點，並利用這個弱點使情況轉而對你有利。只要人類還操縱著社會生活，而你不懂得這樣的戰術，就等於是個無能的人，會被社會印上無能的烙印，無論如何也不能施展才能。

我們此處所說的探討對方弱點，並不是抓住對方的弱點或祕密，來以此威脅對方，獲取利益；而是探知對方的心情，配合對方，使形勢轉成對我們有利。

至少，想要與有關係的人保持良好交往的話，就應該捨棄自己的嗜好，試探對方的心情，並且依此加以配合，即使對方是地位很高、能力優越的幹練型人物也全都不足爲懼。無論對自己多嚴格、行動多謹慎，仍至少會有一兩個弱點存在，其弱點就是每個人的心情，依心情分析，可把社會上的人，大致分爲以下數種類型：

1、**注重誠意類型**：外表上堅強，但卻有令人意外的一面。個性善變，時好時壞。

2、**外表似乎正經的類型**：外表似乎嚴肅正經的人，大都神經質，難以相處。

3、**死板類型**：這種人很愛說話，以自我爲中心的人物，在他面前要當個好聽眾。

4、**偏激類型**：這種人外表上似乎不易接近。最好以誠相待，能獲對方中意當然很好，一旦被厭惡的話，什麼都免談了。

5、**互惠類型**：難以相處。奉承、義理、人情一概不通。心中只有互惠原則，凡事只有錢最重要。

6、有人緣類型：適當宴請則無往不利。

7、剛愎頑固類型：反抗則招損，拍馬屁阿諛亦無法打通，以唯唯諾諾表示順從最恰當。

8、單純類型：很多人外觀看上去要比實際年齡更年輕，喜歡別人奉承。不過，這種人並不是愉快的交往對手。

9、社交類型：對嘮叨者不理不睬，商談時開門見山、乾乾脆脆地表明。

10、內向類型：絕不表露心事的撲克臉為多。過於深入的話，我們可能又受其害，但是無法抗拒禮物攻勢。

從上述十項基本類型上去探討，找尋可行之道，理解對方的性情、思考方式、心情動向，突破對方內心的缺口以後，就可順利地將之操縱於股掌之間了。

朋友的錢財借不得

做生意當然要有資本，不用資本而賺錢的事業絕對沒有。

假如你有足夠的資本創業，當然最理想；若沒有充足的資本，就必須向他人借貸。

借錢是不容易的事情。有些人因爲還不起債自殺，有些人則乾脆躲債；借債還錢是理所當然的事情。可是人們卻經常發生借貸紛爭。因爲貸方常常無法如期收回貸款。

當借方無力償還貸款時，借貸雙方關係肯定轉惡。所以，朋友之間不應有金錢往來，因爲當借方沒有能力償還時，會很傷感情，彼此的友誼因此遭致破裂。同時，兩個好朋友之間有借貸關係，貸方的立場一定是居上風，借方則處於下風，那兩人之間的地位就不平等，借方一定會採取卑屈的態度，如此，兩人之間的友誼就會變質。

當你向朋友借錢時，另一個敏感的問題是控制權，誤會容易由此形成。許多私下借錢給你的人，以爲他們因此就有了某種權威。但兩個好朋友爲了錢而翻臉是最不值得的。

有人說，金錢是天使，也是惡魔。因爲金錢可使一個人的心變得善良，也可能使他變醜陋。所以，借錢應避免向親戚朋友借。若須周轉，應直接向銀行借貸。銀行本來就是辦理借貸的機構，所以借方的地位絕不會卑屈。

如果銀行不借給你，表示你所經營的事業時機不對，或是公司結構有問題。那麼你就要重新考慮你的事業及資金來源。

但是，無論如何，不能向親戚朋友借錢。當然，如果你的朋友心甘情願借錢給你，你又能夠償還貸款，那就另當別論。

李嘉誠金言：親人不代表親信。比如說你有個表弟，當然是很親了，但如果只是因為這樣，你就重用他，事業可能出問題。而一個人和你共事一段時間，如果思路、人生方向跟你比較一致，那就可以委以重任。

生意歸生意，朋友歸朋友

商場上有一句話：「生意是生意，朋友是朋友。」意思是說這二者最好不要混淆，用私人感情來做生意，或者做生意中講情感，都是要不得的。所以有人就採取很分明的態度，談生意決不講感情，交朋友決不談生意，兩者分得清清楚楚。

但是，在商務交際中，眞的能完全排除情感作用嗎？當然不能。人逃脫不了感情，人與人之間的關係更是如此。人們共事，感情是否相合，是互相接受的一個重要因素，在任何情況下都是如此。所以，雖然說「生意是生意，朋友是朋友」，但是在實際交際中，生意和朋友是密不可分的。人們往往在生意中交朋友，同時在交朋友中做生意，互相參照，同時進行。成功的生意人總是生意和朋友都旺、互相促進。生意好，朋友多；而朋友越多，生意越好。

所以有人提出這樣的說法：以商會友，以友促商，互相提攜，大家發財。

問題是如何才能形成這種良性循環，使競爭對手也成爲朋友呢？

其實，商場如戰場一樣，往往是不打不相識。也就是說，商場上的朋友多半是通過互相競爭認識的，但是商場確實又不同於戰場，因爲做生意是一個互惠過程。雙方都能得利，生意才能做成，這也就使得商場上交朋友有了可能性。這種可能性一般出現在以下幾種交際原則上：

第一，雙方有利可圖的交際和交易。彼此都能理解對方的要求，尊重對方的利益，友誼會隨著生意活動日益增加。

第二，於己無害，對對方有利的交際和交易。這裡指的是當自己得利不大，或無法獲得利益情況下，給別人提供機會和可能性。這就是商場上所謂的「幫一把」，使彼此的信任更進一層。

第三，無利可圖但雙方都感到愉快的交際活動，包括共同商討一些問題、參與某項活動、交流某方面的資訊等等，不斷加深彼此的相互了解和共識。

第四，生意活動的特殊優惠和優先原則，是朋友之間牢固關係的體現。所謂「肥水不流外人田」，在商場上同樣適用，好朋友必然有更多的利益分享機會。

與朋友一起做生意

李嘉誠是一個朋友眾多的商人，但李嘉誠還是一個善於與朋友合作的商人，在怎樣與朋友一起做生意這方面，李嘉誠有著一整套心得體會。舉例來說，在投資北京王府井建設的專案中，他與馬來西亞富商郭鶴年的合作就十分有成效。談到與朋友一起做生意，李嘉誠認爲以下三點很重要：

1、互惠互利，共渡難關

李嘉誠認爲，當貿易的雙方都遵守互惠原則時，就會演變成自由貿易的關係，反之若有一方不遵守互惠原則就會形成保護主義。向對方敞開大門，既有利於吸收對方的有利方面，也有利於發揮自己的優勢，可以說，這是一個十分有效的商業原則。

從商業的發展來說，企業結盟的最大一股推動力是市場和技術。在過去，不同的技術各自獨立發展，很少重疊。今天，幾乎沒有一門技術和一個領域還是這種情形，即使是大公司的研究部門，都沒有辦法供應公司需要的一切技術。所以，製藥公司必須和遺傳學家結盟，電腦硬體公司必須和軟體公司結盟。技術發展愈快，企業也就愈需要結盟。在這種結盟的背景下，技術和資訊的交流，資金和人員的滲透都會給自己的公司和夥伴公司帶來巨大的活力，並極大限度地降低自己的經營成本，所以說，商業合作的魅力就在於此。

2、選擇盟友要共用共榮

李嘉誠認為，商業合作應該有助於競爭。聯合以後，競爭力自然增強了，對付相同的競爭對手則更加容易獲得勝利。但是，有許多公司之間的所謂聯合只是一種表面形式，在利益上並沒有達到共用共榮，這種情況往往就容易讓對手從內部攻破而導致失敗。

戰國時，魏國在選擇聯合對象時所注意的一點是「遠交近攻」。韓、魏、齊三國結成同盟，打算進攻楚國。但楚、秦乃是同盟，不小心謹慎行事，秦國就會出兵。因此三國先向楚派出了使者，表明了友好的態度，提出進攻秦國的建議。三國的提議，對楚國來說是收回被秦國掠奪之領土的好機會。楚國答應這個建議的情況被傳到了秦國後，韓、魏、齊三國先向楚發起了進攻，但秦國卻坐視不管，於是獲得了全勝。楚、秦二國就是在選擇合作夥伴時不慎，付出了沉重的代價。

由此可知，商業合作必需有三大前提：一是雙方必需有可以合作的利益；二是必需有可以合作的意願；三是雙方必需有共用共榮的打算。此三者缺一不可。

3、分利於人則人我共興

對於經商，傳統上一直以謀求利益爲經商之目的，所以古語說：「天下熙熙，皆爲利來；天下攘攘，皆爲利往。」千百年來，商人們抱定一個宗旨：「無利不起早，沒有利潤的事情是商人們所不願意涉足的。」因此，李嘉誠在生意合作中總是抱著分利與人則人我共興的態度，與他人積極合作。

當然，與李嘉誠抱有一樣態度的香港商人並不在少數，例如香港地產鉅子郭得勝以他憨厚的微笑和細心的經營，在創業之初，使周圍鄰居不再感到陌生了，生意也日漸好起來，他批發的華洋雜貨及工業原料，價格都很適中，街坊都說「他是個老實商人」。

說也奇怪，人越老實，客戶越喜歡跟你做生意。生意做大了，便又向東南亞拓展市場。一九五二年索性改稱爲鴻昌進出口有限公司，專注洋貨批發。沒多久，街坊不再稱他郭先生，而是議論他是「洋雜大王」了。

實踐證明，採用讓利法則不僅能夠吸引顧客的購買欲，還能夠招來更多的合作夥伴，使你的財源滾滾而來。無論是李嘉誠還是郭得勝，與人分利、誠實經商都是他們獲得成功的重要祕訣。

生意不成人意在

世上的萬事萬物有其本來面目和自然之理。一個女人過日子，必然孤淒；一個男子度時光，必然寂寞。魚兒必定成群遊蕩，大雁飛行必定成隊成行……這就是事物的規律。

自然的法則就是這樣，和爲貴，合則全。何況人與人之間呢？聖賢的思想就是依據這些原則形成的，人與人的合作也是因爲這些原則而建立起一種互相依存的關係。

然而，人們在相互交往時常常走向它的反面。關係鬧翻，翻臉不和時，合作的關係便破壞了，彼此都把對方視爲仇敵，並把對方說得一無是處，一錢不值。天下紛爭大亂，和爲貴的想法丟了，合則全的做法就成了累贅。強者稱雄，各拉一班人馬，各立一個旗號，道德標準不統一，是非曲直各執一端，各家學派也都以一孔之見沾沾自喜，並抨擊對方。

比方說，耳能聽，眼能看，嘴能吃，鼻子能聞，皮膚能感覺，手能靈巧地做事，腳可以至千里，都有各自獨具的功能，不能彼此廢棄，也不可相互代替，就像萬空眾技，各有長處，因而，各有自己的用途。雖然如此，但都只是一技之長，不能全面。

人與人鬧翻，否定他人，就會孤掌拍不響，獨木不成林，必須盡快另找合作者。強者稱雄，天下紛爭，社會的和諧平衡打破了，強者就是在削弱自己。所以，了解和爲貴、合則全的人，爭而不離，爭而和合，因而強者更強，吵而更親，心心相交，不打不相識，事業更繁榮。

不爭不吵，本來就不可能。嘴唇與牙齒也有互相冒犯的時候。和氣生財，

「和爲貴」，商場上很忌諱結成仇敵，長期對抗。商場上很容易爲了各自的利益爭執不下，甚至爭鬥不休。或者因爲一筆生意受到傷害，從而耿耿於懷。但是，無論如何，都沒有反目成仇、結成死敵的必要。

有位商界前輩說過：「商場上沒有永遠的敵人，只有永遠的朋友。」今天可能因爲利益分配不均而爭吵，或者爲爭一筆生意搞得兩敗俱傷；然而，說不定明天攜手，有可能共占市場，互相得利。

所以，有經驗、有涵養的老闆總是在談判時面帶微笑，永遠擺出一副坦誠的樣子，即使談判不成，還是把手伸給對方，笑著說：「但願下次合作愉快！」

因爲，商場上樹敵太多是經營的大忌，尤其是當仇家聯合起來對付你，或在暗中算計你時，你縱有三頭六臂，也難以應付。況且，做生意的主要精力應用於如何開拓市場，如何調動資金，如何做廣告宣傳等方面，如果老是用在對付別人的暗算與報復，難免會顧此失彼。

有句老話：生意不成人情在。商人一般都較圓滑，這也是多年積累的經驗所得。人與人間，或許有不共戴天之仇，但在辦公室裡，這種仇恨一般不至於達到那種地步。畢竟是同事，都爲同一公司工作，只要矛盾沒有發展到你死我活的境況，總是可以化解的。記住：敵意是一點一點增加的，也可以一點一點消滅。

還有句老話：冤仇宜解不宜結。同在一家公司謀生，低頭不見抬頭見，還是少結冤家比較有利於自己。不過，化解敵意也需要技巧。

與你關係最密切的同事，心底裡原來對你十分不滿。他不但對你冷漠得嚇人，有時甚至你跟他說話，他也不理不睬。有些關心你的同事，會私下探問：爲什麼你的好友對你如此不滿？

當你面臨這種人際關係的困境時，奉勸你給人留下一個良好的印象，不要做「小人」。所謂「少一個敵人等於多一個朋友」，開開心心地去履行新職，又與舊公司保持良好關係，才是上上之策。

對手也可以是朋友

商業競爭遇到對手是難免的，但選擇對手卻與一個企業家所具有的戰略眼光有密切關係。一般企業家總是以自己勢均力敵的敵人爲對手，而李嘉誠則以比自己更強的敵人作爲對手，因爲這樣，才能使他具有蓬勃鬥志和戰鬥的信心。想當年，李嘉誠在房地產投資時，以號稱不敗的置地公司作爲競爭的對手，結果一舉戰勝對手就是一個很好的例子。

當然，商業競爭的對手也可以是朋友，可以是能夠精誠合作的朋友。例如一九八六年八月，《每週財經動向》總編林鴻籌先生在〈與李嘉誠談成功之道〉一文中談到：

「最近有人向李氏提問：『一個優秀的運動員，必須在與強勁的對手競賽時才可創下驕人的成績。環顧今日香港商界，似乎只有包玉剛爵士一位匹配做閣下強勁的對手，您可有以包先生爲對手的想法嗎？』

「一般人很自然會認爲李氏是以包氏爲競爭的對手，因爲他們有相同的社會地位，在過去又有極類似的活動，例如李氏從英資手中收購和黃、港燈，包氏則收購九龍倉、會德豐；兩人先後出任滙豐銀行的副主席；兩人又同時出任『香港基本法』起草委委員；李氏捐贈汕頭大學，包氏捐贈寧波大學等。」

「但李氏答覆這問題時，只說他朝著個人訂下的目標向前一步一步推進，從來沒有居心與任何人比拚。」並且，在多個場合，李嘉誠還這樣說：「我與包先生有眞誠愉快的合作。」

李嘉誠金言：要在商場上獲得成功，首先要學會處理自己的金錢，明白金錢得來不易，非要好好地愛惜它、保管它，忌諱花天酒地，花個精光，否則它不會和你久處。因為金錢本身也好像有靈性似的，你不理會、不愛惜它時，它會無情地和你分手。

第八章　生意的禁忌

品質是企業的生命

品質是企業的生命，這樣的口號如今在各類大大小小的工廠中都被張貼在醒目的位置。然而，對於幾十年前的李嘉誠來說，卻尚未意識到這個問題的重要性。急於求成的他只想著擴大自己塑膠生產的數量和規模，以便成就一番事業。但是，李嘉誠的盲目冒進導致了嚴重的品質問題，以至於長江塑膠廠面臨著遭到銀行清算、遭客戶封殺的生死存亡之嚴峻局勢。

痛心疾首的李嘉誠痛定思痛，力挽狂瀾。他首先穩定內部軍心，然後一一拜訪銀行、原料商、客戶，獲得他們對欠款償還期的寬限。接著，清查庫滿爲患的滯銷產品，將其分門別類、選優汰劣，然後集中力量推銷，使資金得以較快回籠，償還了一部分債務，解了燃眉之急，緩了一口氣，最後利用緩衝的喘息機會，對工人進行技術崗位培訓，同時籌款添置先進的新設備，以保證品質。

李嘉誠百般努力，在銀行、原料商和客戶的諒解下，終於一步一進地挨過劫難。到一九五五年，長江塑膠廠出現轉機，產銷漸入佳境。

災難和磨難可以使某些人一蹶不振，甚至將其摧毀。而另一種人，卻從中汲取動力，使其成為向上攀登的台階。就如一塊好鋼，越淬火，越堅硬。成功人士必定屬於後者。

經過這次挫折和磨難，李嘉誠更成熟了。正是這次反向的動力，促成李嘉誠由一個餘勇可沽、穩重不足的小業主迅速蛻變為一個成熟的商人。

一九五七年底，李嘉誠為了適應大規模的生產需要，將「長江塑膠廠」改名為「長江工業有限公司」。為了改變以前那種小企業不注重產品品質的狀況，李嘉誠開始著手引進西方的管理經驗。他認定不管是現在還是將來，企業內部保持高水準的管理，堅持按責任辦事是非常重要的。

李嘉誠常常這樣告訴身邊的人：「我們長江要生存，就得要競爭；要競爭，就必須有好的品質。只有保證品質，才能保證信譽，才能保證長江的發展壯大。」李嘉誠極其看重自己產品的品質。李嘉誠宣布：「從今以後，長江的產品，沒有次級品。」

今天的李嘉誠給人最鮮明的印象是足智多謀，在經營策略上他從不輕易去冒險，更不會有隨便碰碰運氣的行動。他的所有決策都來源於對全面、廣泛的資料之占有和分析；他的決定，都是按照實際情況而作出的合理的反應，這也是他最爲人稱道的本領。

然而，李嘉誠的膽識和才華並不都是與生俱來的。除了自己得天獨厚的天分之外，更多的是來自於他的勤奮和毫不懈怠的求知，以及善於吸取自己與別人的經驗教訓和謙虛謹慎的作風。經過多次磨難，李嘉誠就爲自己立下座右銘並且成爲一生的行動準則：「穩健中尋求發展，發展中不忘穩健。」

切忌緊跟人後

無論是對於第一次做生意的人，還是想改行的生意人，選擇生意行當都是一件生死攸關的大事。初下海做生意的人要選準一個行業，確實不簡單，沒有一定的眼光和經驗，不經過大量的調查和琢磨，沒有很好的自主之見，是極難一舉成功的。就是在生意場滾打了一段時期的人，到了要改換門戶，另起爐灶的時刻，也會躊躇不前，頗爲周折。因爲儘管他有一定的生意閱歷，但在新的選擇面前，仍是一個門外漢。

這是一個難題！要做生意就免不了要解決這樣的難題。但只要謹慎行事，總是可以解決的。

最可怕是一些人選擇經營項目極爲草率，不作細心考察就輕率地把資本投下去，要不多久就賠了，結果又匆匆忙忙把餘資抽出來投向另一個行業。這種人說開張就開張，說關門就關門，東試西試，做什麼都是淺嘗輒止，結果本錢賠得差不多了還是一事無成。更重要的是，每失敗一次，自己的信心就會減少三分，在人們心目中的信譽也會減少三分。失敗的次數多了，成功的機會就會越來越少。

這類人選擇行業時並沒有自己的主見，要麼隨大流，哪裡熱，哪裡利潤高，就往哪裡擠。要麼看到某項生意投資少，經營難度小，不假思索，就匆匆介入。

這樣的選擇道理上不錯，但在你看來是不錯的選擇，在別人看來也差不到哪裡去。你可以進入，人家也可以進入。因此在這些熱門生意中競爭往往非常激烈。市場只有那麼大，競爭的人多了，當然淘汰率也就高起來。如果你的競爭實力和技巧不怎麼樣，那淘汰對象當然非你莫屬。

那些跟在別人後面走的人終歸是要失敗的。

忌一錘子買賣

這是一個商德的問題，一個成功的商人，必須具有良好的商業道德。一錘子買賣，實際上也是商業流氓的一種，但還有一種「一錘子」買賣的做法，是想一腳上岸、一步到位，這種「商態」同樣是不可取的。《莊子．列禦寇》中有一個「緯蕭得珠」的故事，說的正是第二種一錘子買賣的危害性。

古時候，在某地一條大河邊，住著一戶以經營草織品爲生的商販，他們每天把岸邊人家用蒿草織成的草箱收購運到城裡去賣，以此賺錢養家糊口，儘管做不大，但也能勉強維持一家老小的生計。

有一天商販的兒子緯蕭在河裡游泳，偶然從河底撈得一顆價值千金的龍珠。一家人十分高興，緯蕭對父親說：你成年累月賣畚箱，縱然是累斷筋骨也只能是吃糠嚼菜，還不如到大河深處去撈龍珠，拿到市場去賣，必定發財！但商販不同意兒子的意見，並對兒子講了一則道理，做生意如同做其他事一樣，不能只見樹木不見森林，只看到暫時的利益而忽略潛在的危險。一分生意三分險，對每一種生意，我們既要考慮到賺錢的結果，也要考慮到賠錢的下場，即使在眼前效果十分誘人的情況下，也必須從壞處打算，掂量一下該不該冒這個風險。倘若覺得某一筆生意賺錢的可能性很大，而且一旦賠了，損失最多只占資金的一部分，那麼，這樣的風險可以冒一冒；反之，一旦失敗全盤皆輸的風險，則絕對不可冒，況且你所得到的那顆龍珠，長在大河深淵黑龍的嘴裡，所以你能夠得到它，自然是黑龍沉睡的時候，不小心從嘴裡吐出來的。一旦再下河去撈珠，而且黑龍正愁不見偷珠的對象時，必然把你連骨頭帶肉吞到肚子裡去，不僅撈不到珍珠，還會把性命賠進去。

當然，這僅是一則寓言。在商戰中，從來就沒有「搏到盡頭」的可能，聰明的商人也從來是看到有利的一面，也估計到不利的一面。作爲商品，那更是一種變數。今天賺錢的東西，說不定明天就賠，今天熱銷的產品，說不定明天就會變成「死貨」，這就要求一個商人，要有見識、有膽量，敢於拿主意、定政策、擔風險。但是，千萬不能做那種脫離實際的砸鍋生意。

多角經營不宜過勇過急

現代企業的特點是日益趨向於綜合性和專業化，以往的規律證明，能夠成功達到綜合性和專業化的企業，總是能夠順利地完成企業的過渡和改造，從而向著更大規模前進。李嘉誠正是把握了這一趨勢，從而將麾下的和記黃埔和長江實業變成經營地產、物業、金融業、通信業、船舶運輸業、電力等許多行業的世界知名企業。

李嘉誠指出，對商人來說，賺錢並勇往直前，這沒錯。正當賺錢，是一個經營者的責任，這也是每一個人都應該持有的原則。自古以來，人們大多把金錢醜化了，認爲它是罪惡的東西。其實，金錢無聲無言、無思無慮，罪惡的不是它，而是那些醜惡的人，金錢不過是「幫助犯」。但是對於那種乘機擴張的決定應該絕對慎重。

經商時，忌諱那種多角經營和擴張，不能急速從事。多角經營更應該盡量避免，特別是在擴展業務，擴張公司規模時，應該先確切了解公司在技術、資金、銷售等各方面具有多少實力，而在能力的範圍內經營。對經營者來說，認識自己和公司成員的能力，是很重要的，有了這種認識，才能使經營者有效地行使他的經營技巧。每一次進行重大的經營擴張，李嘉誠都是用上面的原則來檢驗自己，以避免發生錯誤。

當然，企業要擴大，要重組，總要付出代價，所以作爲企業家，必要時一定要甩掉包袱。李嘉誠指出，很多公司，剛開始時經營得非常好，然而營業範圍日漸擴大後，卻遭到失敗，公司遇到這種情況時，一定要下決心重組內部，將公司分爲兩部分，原來的經營者管理一部分，另一部分的經營權委託能夠負責的幹部，這樣重整後，兩方面大多能夠順利地發展。有的經營者在擁有五十位員工時能經營得很好，當員工數量增加到一百位時，由於沒有那份能力，業績不但沒有增加，公司還可能陷入危機，而如果將公司重組，分為兩個部分，每個人只負責自己能力範圍內的一部分，經營狀況一定會再度好轉。在李嘉誠所屬的企業集團裡，正是秉持著這樣一個理念，才順利地將眾多的業務得以消化、擴大，直至獲得成功的。

李嘉誠金言：一個企業的開發意味著一個良好信譽的開始。有了信譽，自然就會有財路，這是必須具備的商業道德。就像做人一樣，忠誠、有義氣。對於自己說出的每一句話，做出的每一個承諾，一定要牢牢記在心裡，並且一定要能夠做到。

遵循自己的方法

正確的自我評價會使自己走上正確的方向。人類怎樣來評價自己，是相當重要的事。能夠正確判斷是很幸運的。如果一個國家能正確判斷自己的國力，就不可能發動戰爭企圖控制別國，奴役他國人民，也就不會發生戰爭，造成生靈塗炭，更不會使本國人民蒙受不可估量的心理創痛和重大的經濟損失。

如果你是個有特殊手藝的工匠，有人請你去擔任某大公司經理，你回答說：「這恐怕不行，只有在工匠方面，我才能發揮我的能力」，那麼你無疑是正確地評判了自己。

賺錢同樣需要這種正確的自我評價。商店的老闆，無法對自己作正確的判斷，一定會失敗的。別人改造了店面裝潢，僱用了很多人，如果你也照樣盲從的話，失敗的可能性一定會增大。你應該這麼認爲：別人可以這麼做我並不一定跟著做，要遵循自己的賺錢方法，正確地判斷自己的能力，這樣才能成功。

老聽說有人做某種生意賺了錢，就也去試試看，這樣一窩蜂做生意，結果形成惡性競爭，賠錢的可能大大增加。

有位朋友，在市區經營著一家服裝店，不久前聽說在做股票賺錢快且容易，於是攏資金做股票生意。前陣子遇見筆者時，令筆者大吃一驚，這位朋友精神憔悴，還長出了許多白髮。原來由於市區裡許多生意人聽說股票好賺後，大批投注資金，都做起了股票投資，加上股票市場不如預期中明朗，賺賠機率各半，筆者這位朋友由此越陷越深，聽他說已賠了不少，想博回來一些。

這就是不能判斷自己，老是羨慕別人、想模仿別人，結果導致失敗。所以，自己的價值評定是非常重要的。

一個人就需要常常自問，自己到底有多少力量，自己的情況究竟如何。雖然要完全認清自己比較困難，但心裡要時刻提醒自己正確地評價自己，這樣才能發展自己。如果認爲自己沒有力量，沒有人才，沒有資金，當別人對你說：「這行業能賺錢，你可以做」時，你能對自己說：「不能做。」這才是正確的自我判斷。

過河拆橋斷財路

「過河拆橋」這是商界最爲常見，也是人人痛恨的做法。要說常見，是因爲這裡有利可圖，無非是爲了壟斷某方面的利益，獨呑某一筆財錢，再加上法制不健全，大魚吃小魚，所以雖然手段惡劣，但仍不斷有人這樣去做。而說人人痛恨，也是千眞萬確，這種見利忘義、認錢不認人的行徑，違反了人之常情，令人很難接受。

但是，「過河拆橋」者在商場上未必能春風得意。因爲「拆橋」原本的目的是不願再讓別人過河，但是同時自己也斷了後路，拆了橋就很難再回去了。所以「拆橋」也是斷自己後路之舉。拆得太多了，自己也就沒有後路了，一旦遇到什麼挫折，連轉圜的餘地都沒有，那麼必然會破產了。

所以，「過河拆橋」並不是生意場上的妙計，至少不是長久之計。拆了橋，你可能暫時得了利，但是你卻付了自己名聲作爲代價，爲了挽回聲譽，你又得花氣力向人們解釋，爲自己辯護，結果得到的減去失去的，並不見得獲利多少。

在商務交際中，還是要養成「過河不拆橋」的習慣。其實，誠實、知恩圖報、利益共用在生意場上是相互聯繫的，人人都趨於利，但是人人都在選擇人。因爲這不僅是爲了維護自己的利益不受侵害，也是爲了使自己的發展更有保障。「過河拆橋」者爲人們所不齒，所以結果總是搬起石頭砸自己的腳。

過河不拆橋，還要過橋修橋，過橋立碑，這樣生意才能越做越大。眾多成功者，人們只看到他們的生意到處擴展，而往往忽視了他們同時在到處造橋鋪路。對於幫助過自己、曾經給自己造橋鋪路的人，他們從來沒有忘記回報。他們不斷提到這些人的名字，給這些人樹碑立傳。正是因爲他們「過河不拆橋」，而且還要修橋立碑，所以才在生意場上越走路越寬，越走路越多，處處有發展的機會和天地。

其實，做生意的最高境界就是「造橋鋪路」，既然別人爲你這樣做了，你就更應該以此回報社會，最後形成一個大網路，使金錢和智慧能夠到處流通，四通八達。千萬不要「過河拆橋」，以免斷了自己的財路、門路和發達之路。

不可露出底牌

在李嘉誠的經營投資過程中，曾經遭遇過無數的競爭對手，而在競爭的最後一刻，李嘉誠總能夠用對方意料不到的底牌將其澈底擊垮，從而穩操勝券。

李嘉誠指出，做生意的過程既是錢與錢的交易過程，更是心理與心理的鬥爭過程，就像打牌的人，永遠不想讓對方知道自己的底牌一樣，做生意的人，是絕對不會把自己的腰包掏出來讓人看的。不會像政治家一樣，將自己的財產公開。有錢的會裝作沒錢，沒有錢的卻要充有錢。爲了不讓別人察覺到自己沒有錢，更要強充闊氣，大灑金錢。這種做法不但有利於經商，而且更有利於鍛鍊商人，使他們懂得經商過程中有比錢更重要的東西。

因此，李嘉誠總是對於任何投資計畫都處之泰然，在拍賣地產的現場，在最後的關頭，李嘉誠總是豎起他自己的「擎天一指」，以一個驚人的價格獲得投資的決勝權。在進行企業收購的過程中，他也總是在最後的關鍵時刻，將對方企業的決定性股權牢牢地掌握在自己的手裡，這就是「永遠不讓對方知道自己底牌」

這一成功商業奧祕的巨大威力。

在這個問題上，具有「日本的猶太人」之稱的速食大王藤田田最有體會。下面是他口述的一段經歷：

去年秋天，有一位名叫「謝畢羅」的猶太朋友邀我到他家去吃晚飯，他開了一家占地三萬平方公尺的皮鞋工廠，專做高級的女用皮鞋，有三棟奶油色的工廠大樓，一個游泳池，四周遍植奇花異草，如同公園。謝畢羅氏先帶領我參觀廠房設備，到第二棟大樓剛一進門時，發現有一位青年正低頭在檢驗鞋底，謝畢羅氏走過去拍拍他的肩膀說：「喂！約翰！」，「啊！老謝！」青年回頭應道。

我正在驚奇，爲什麼這個青年不恭恭敬敬地稱謝氏爲廠長？此時謝氏接著說：「藤田兄，我來介紹一下，約翰是我兒子。」這一介紹更令我疑惑不解，我只好機械地和約翰揮手，不久我的疑團經過謝氏的解釋便消散了。謝氏說：「約翰在三歲的時候，有一天和姐姐在客廳裡玩捉迷藏遊戲，在他們正玩得興高采烈的時候，我跑去抱住約翰，把他放在壁爐的上面，我在下面伸出雙手作出接他的姿勢，叫他向下跳。他認爲我也參加他們的遊戲，高高興興地望著我笑，並且迅速向我跳來，在他下跳的瞬間，我立刻縮回雙手，他便摔在地板上，號啕大哭，向坐在沙發上的媽媽叫喚，他媽媽並不來抱他，卻微笑著說：『啊！好壞的爸爸！』我站在一旁以嘲弄的眼光望著約翰……」

「你這是什麼意思？」我氣憤地凝視著謝畢羅氏。他並不介意我的譴責，卻繼續說：「這樣子重複欺騙了他三、四次，以後他也不敢相信我了，我的目的是要給他灌輸一個觀念：世界上沒有一個人是可以信任的，連親生父親也不例外，唯一可以信任的就是自己！」

生意場上，我們常說：親兄弟，明算帳。生意歸生意，朋友歸朋友，就是要把生意與友情嚴格區分開來。如果又想做生意，又想幫朋友的忙，很可能你會變成「吃熟不吃生」的犧牲品。同時，在談生意的過程中，不輕易相信對方，就是不要輕易亮出底牌。

在談生意中，一個深思熟慮的談判者，在使用語言方面既友善又果斷，無懈可擊。保持談判在友好的氣氛中進行，爲談判成功打好基礎。但在提要求時，要提得比預期達成的目標稍高一點，給自己留下進退的餘地。如果你是賣主，叫價不妨高些；如果你是買主，出價則應低些。請注意，無論哪種情況，都不能亂論價，務必在合理的範圍之內。信口開河會給人留下極爲糟糕的印象，對方會對你冷眼相看。應該做到：既不能被人看白了，也不要把人嚇跑了。有時，由於價格等原因發生僵局，雙方各抒己見，相持不下，這時不妨換個話題，或者採用提問的方式說明自己的銷售意圖，改變對自己價格的看法。

洽談的業務人員還應做到語言謹愼、委婉，有時候先要隱藏住你自己的要求，讓對方先開口說話，設法引誘對方暴露其眞實情況，將對方的要求、成交打算等方面的情況掌握得越多越好。同時，你要認眞地分析對方的立場，掌握對自己有利的情況。不要輕易暴露自己，特別是對方主動找你談買賣，更要先穩住。事實證明：不急於在談判中先表態的人往往是業務成交的勝利者。在多數的談判中，讓步行爲和拍板行爲，都是在談判快截止時才發生的，因此，雙方都希望摸到對方談判中的「底線」，以爭取主動，而對自己的「底線」嚴格保密。

例如：一名美國業務人員被公司派往東京談判，日本商界的談判者在迎接他時格外熱情，他十分感動，輕易地將回程的時間告訴日方，亮出了自己只限兩個星期的「底線」。日本人安排花樣眾多的活動，以拖延時間，然後草草談判，最後在前往機場的歸途中，他不得不答應了日方一切要求，老謀深算的日本人大獲全勝。

培養公德心

注意將錢用在公益事業上的良商歷代都有，而以明清晉、徽兩大商幫最爲著稱。較普遍的是將資金用於助賑救災、施衣送藥、修路築橋、浚渠固堤等公益性事業中。

晉、徽兩大商幫，爲公益雖所費不貲，但所得亦不薄。一些大商人並未因此而影響其資本的積累和繼續增加投入。而且，他們還獲得了好名聲，提高了自己的商譽和在商界的地位。他們尊祖、敬宗、收族、恤親，借助宗族勢力來建立商業壟斷，開展商業競爭，控制從商夥計。內修宗祠，外建會館，是徽商發展商幫的兩大支柱。商幫勢力的壯大，商人其業更隆、其家更饒，遠遠超過了其先前的投資。

古之商人尚能「富而有德」，為社會的公益事業出錢出力，今之企業在財力範圍之內，對這方面的工作自然可以做得更好，更有意義。古之商人尚知急公好義，為國解難，今之商人更應熱愛自己的國家，擔負起應履行的社會責任。

美國的「計算機大王」諾頓夫婦，其偌大的別墅每年接待成千上萬的募捐者和參觀者。夫婦倆決定將他們的錢財貢獻給社會的慈善事業，並扶助藝術方面的新生力量，他們成立了不止一個基金會，來資助藝術館、博物館、財政困難的報社和兒童救助以及教育事業。諾頓夫婦的所作所為，得到了社會的承認和廣泛的讚揚。

義利兩重的商人精神，古今有之。如諾頓那樣熱心公益的企業家，中外有之。由此可見，敢於承擔社會責任，熱心於社會公益事業的商者、企業家大有人在。可見「見利忘義」、「毫無社會公德」並不適合所有投身於商海的人。

然而，在現實中，的確有一些人為了獲取高額利潤，為了裝滿自己的腰包，不顧公眾利益，不顧社會的發展。他們無視法規，無視道德，用盡各種手段來破壞社會整體的利益，換取自己的利益。這些企業和商人也不可能有長久的發展，最終會被人們拋棄，身敗名裂而退出歷史舞台。

中國近年來有一段時間，紙價暴漲，造紙業有利可圖。於是，許多投機者紛紛建起了小型的造紙廠，以此牟利。

眾所周知，造紙業是汙染很大的產業之一，中國對造紙業的檢查與監督都很嚴格。只有那些既有經濟效益又有社會效益，能嚴格控制汙染的企業才可能存在。然而，這些小型的造紙廠不顧法規，照舊讓機器不停地轉動，汙水也不斷地流出。

這些有毒的汙水被排入河中，嚴重破壞了生態平衡，影響了人們的生活。但是，只要有利可圖、有錢可賺，這些企業根本沒有想到環保和社會責任。

這種不顧公眾利益的行爲所導致的唯一後果就是：關閉。企業不爲社會負責，不考慮社會效益，社會就會對其進行懲罰。政府對這些小型的造紙廠進行了大力的整頓，勒令他們迅速關門，並爲其造成的不良後果負責。

這就是不顧社會公益事業而最終「自斃」的實例。

嘴硬不如貨實在

「貨眞價實」，說的是商品要價質相符，不僅價格公道實在，而且品質完善純眞。不能以次充好，以假充眞，欺騙顧客。「貨眞」表現了誠賈以信義經商的基本原則，是做好買賣的首要前提。「嘴硬不如貨實在」，「只要貨贏人，不愁客不來」。

商品的品質問題理應被每一個經營者所重視，商品的品質對於企業的發展與壯大有著非常重要的影響。

清代商人劉瑩剛做的是胡椒生意。一次，他經人介紹與一供應商簽約購進了八百擔胡椒。但後來辨別出這批胡椒有毒。原賣主聽說後，唯恐事績敗露，毀及自己的名聲，而找到劉瑩剛，願以原價收回全部貨品、中止契約。然而劉瑩剛竟不惜成本，將這批毒胡椒全部銷毀，以免這批胡椒的賣主「他售而害人」。

在誠賈良商注意商品品質的同時，那種不講品質、欺騙顧客的反面例子，人們自然也給予不留情的揭露和批評。

明朝開國功臣劉伯溫在其文集《誠意伯文集》中記載了一則魯人取糟的故事。說的是春秋時魯國有個商人，苦於釀不出高品質的好酒，到中山學習「千日醉」的釀造技術。由於無法取得對方的技術機密，他便透過一位在中山做官的朋友，從釀造「千日醉」的酒家偷取了一些酒渣子。運回魯國後，他將這些渣子放在自家所釀的酒中，冒充「千日醉」拿來銷售。一時銷路大開，但結果終於被魯國的中山酒商揭穿，自此生意蕭條，以至關門歇業。

這是不講品質，既摻假又冒牌的典型，在時間上還先於唐代的「鞭賈」，可算是僞劣假冒之鼻祖了。劉伯溫追記此事時，意在針砭時弊，說明當時假冒歪風大長，需要加以認眞對待。

商品要追求品質，便不可以怕消費者的挑剔。商品品質好自然會取得消費者的信任。「售貨不怕人褒貶」，「褒獎是看客，貶低是買主」，顧客對商品的挑剔也是自然的。會做生意的商人要耐心解釋，說明商品的品質價格，以使顧客滿意，買賣做成。

明代馮夢龍在《廣笑府》中也講過一則賣酒故事，刻畫了一個出售商品品質不高而又不讓人說不好的奸商嘴臉。一家酒鋪的老闆，賣的酒並不好，卻非要顧客說酒味香甜不可。甚至把說酒酸的人吊在梁上，到什麼時候說酒香了，才給放下來。一次一位過路顧客來喝酒，看見有人被吊著便詢問原因，老闆說：「他說我酒酸，斷我財路。」過路客說「老闆，借我一碗酒品嘗如何？」老闆奉上一碗，等客商說一個「好」字，客商被酒酸得齒軟，便對老闆說：「快放下他，把我吊起來吧！」

書裡的東西不能全信

有些老闆很好學，總是喜歡多讀些書，這樣做當然是無可非議的。然而，他們也有一個缺點，那就是喜歡把書本上的東西往現實中生搬硬套，而不是加以變通，活學活用。因此，這種老闆往往在生意場上吃大虧。

一定要明白，人們無法光靠理論賺錢。所以，有學問的人往往無法從事賺大錢的行業。由於迷信書本，墨守成規，結果會讓賺錢的機會白白溜走。

這些人在做一件事之前，會先仔細地算一算，結果認爲不合算，便會放棄，實際上這就放棄了以後發大財的機會。

太有學問的人往往思想過於正統，很難接受和容納現代的商業意識。他們一直爲知識和書本所束縛，因而無法根據現實中的具體情況而加以變通。

知識固然重要，然而，光憑知識去經商，完全照搬書本上的知識，也是行不通的。其實，眞正的學問應當是一套求生的方法，而書本上的知識，反而成爲次要的了。

美國的汽車大王亨利·福特曾經和某家報社打過一場官司，因爲該報評說他是一個「不學無術」的人。

當然，福特沒有受過什麼學府式的傳統教育，但他也並不是「不學無術」。福特不服氣，於是雙方對簿公堂。原告方面便拿出一些問題來考他。汽車大王更加惱火，他說，如果我是一個只會善於答問題的傢伙，我怎麼會有今天的成就！你要的答案，我可以隨便命令手下的人給你一個圓滿的答覆。

當今社會，商場情況是瞬息萬變的，老闆若想獲得成功，首先當然是要具備一定的學識，但絕不可生搬書本。請老闆們記住：盡信書不如無書。

然而，這樣說絕不是貶低和輕視知識的作用。不要完全相信書本，並非讓你完全拋棄書本知識。對於經商者來說，知識書本也是非常重要的。但是，應當提醒老闆注意的是：一定要學對自己有用的知識。怎樣才能學到對自己有用的知識呢？你須要把握住下述兩點：

其一，要有目的性地閱讀。有些書對自己並不適用，所以不要去讀它們。

其二，要活學活用。任何知識都不是一成不變的，書本和現實之間畢竟存在著差距，所以切忌把書本知識生搬硬套，而是要活學活用。

此外，要多向社會學習，從現實生活中獲得的知識，或許更實用、更有價值。

總之，不要輕視書本知識，也不要迷信書本知識。

李嘉誠金言：有錢大家賺，利潤大家分享，這樣才有人願意合作。假如拿百分之十的股份是公正的，拿百分之十一也可以，但是如果只拿百分之九的股份，就會財源滾滾來。

第九章　做一名合格的生意人

事業成功的十個祕訣

在激烈的商戰中，李嘉誠對於自己的事業始終有一個準確的把握，他曾經說過：「在事業上謀取成功，沒有什麼絕對的公式。但如果能遵循某些原則的話，能將成功的希望提高很多。」數十年來，他所遵循的一些原則是：

1、在商場中賺大錢的方法只有一個——就是做你自己的事業：想從商的人應該選擇他熟悉且了解的那一行。顯然地，剛開始他不可能熟悉所有該知道的，但是在他還沒有對這行有充分而具體的工作知識前，他不應該貿然開始。

2、絕不能無視一切生產的中心目標：爲更多的人，以更低的成本生產更多更好的商品，或提供更多更好的服務。

3、節儉爲商業成功的必備條件：商人一定要嚴格規範自己，不要浪費，不論是在私生活上還是在業務上，「先賺錢，再考慮花錢」是企業成功者的最佳信條。

4、永遠不要忽視或遺漏任何合法的擴張機會：但另一方面，商人也永遠要保護自己，不致受誘惑、作盲目的擴張計畫，而事先卻缺乏充分的判斷及考慮。

5、商人必須不斷尋找新的辦法，來改良產品及服務，以求增加生產及銷售和降低成本：時機很重要，一般商人在生意順利的時候，往往不去考慮謀求發展的辦法，但那卻是他們能有心力餘暇考察業務的時機。許多商人都是在不景氣的時候才恐慌，結果往往弄錯了方向，反而使得成本升高。

6、商人必須親自管理業務：他不能指望他的員工能像他一樣，又能做又能思考。如果他們能，他們就不會是員工了。

7、商人必須願意冒險：如果他認爲値得的話，他可以冒險投資及向外借款。但借款一定要設法迅速還清，失去信用最易導致關門大吉。

8、商人一定要不斷尋找新的或未經開發的市場：世界大部分地方的人，都盼望能買到外國貨，精明的商人要向國外市場動腦筋。

9、對工作及產品負責的好信譽，最好能帶給消費者信心：商人必須顧及品質保證，以及維護消費者的利益。值得大眾依賴的廠商，毫無困難地就能使訂單源源不斷。

10、一個人不論積累了多少財富，如果他是商人，他就必須永遠將自己的財富作爲改進大眾生活的一個工具：他必須記得，他對同仁、員工、股東以及社會大眾都有責任。

做生意要當機立斷

「該斷不斷，必受其亂。」古往今來，成大事者都有一個共同點：處事果決，當機立斷。

軍事家在戰鬥中果敢明斷就能把握戰機；企業家在商戰中果敢明斷就能無往不利。如果優柔寡斷，猶豫不定，良好的機會一旦錯過，時不再來，豈不悔之晚矣？企業、金融行業的生意人也是一樣，猶豫心理直接影響投資決策，一旦失機，全部計畫就只能擱淺作罷。

猶豫心理一經滲入生意人的內心世界，生意人將會陷入一種尷尬的境地。欲左顧右，欲右顧左。內心深處的矛盾衝突便會一點一點逐漸在行爲上表現出來，從而影響正常的運作。同時對生意人的其他心理和情緒都會產生副作用，容易使人急躁不安，彷徨無措。嚴重時甚至對能力和自信心產生懷疑，導致全面的被動和失敗。

有猶豫心理的生意人，在即將決策前，原本深思熟慮的投資方略和經過認眞細緻制訂的投資計畫，在決策時或是忽然間產生了自我不信任感或是受到外界因素的影響，對自己已策劃完善的投資計畫發生動搖，最終得不到實施，喪失了獲取投資收益的大好良機。如在股票操作中，生意人發現自己手中持有股票的股價上升並偏高了，應該把握這一時機將其拋出，並同時做出了股票出售的決定。可是在臨場時聽到許多人對此種股票的看法和評論與自己的決策截然不同，便馬上改變了行動，放棄了一次將股票拋售的良機。再如生意人事前已觀察出某種價格較低的股票已經是適合購入的時候了，也做出了趁低吸納的決策。但在臨場時發現許多持股者紛紛將其拋售，於是產生了猶豫心理，臨陣退縮，放棄了原先的決定，失去了一次能夠獲取收益的機會。

猶豫心理在企業投資中，導致生意人瞻前顧後，決策不明、錯失時機的事情是很多的。這種現象有著一定的普遍性。企業投資過程是從產生投資動機開始，經過對自身主觀狀況和外界客觀因素的綜合分析，然後據此分析結果作出決策。最終將決策內容付諸行動。猶豫心理往往是在馬上要行動的關鍵時候出現，使生意人改變決策或回過頭來重新思考。等到再一次確認原決策正確，應該實施的時候，外因或內因已經起了變化，所決策的內容已不能再正常進行了。

國內某家用電器生產企業，透過很大的努力與日本一家企業取得聯繫，並初步擬定了可行性方案，「雙方共同投資，日方提供技術，我方提供場地、人員」。如果雙方達成協議合作成功，將對這個企業的經營和發展達到極大的推動作用。決策者認識到了這一點，仔細研究分析之後決定按計劃實施。可是就當協定即將達成的前夕，另一家同行業人士在似乎是無意接觸的過程中談起自己與外商合作而遭受了巨大損失的經歷。如此一來決策者馬上萌發了猶豫心理，對自己的決策產生了動搖，對前面作的各種分析開始懷疑，便找出藉口推遲了簽訂協定的時間。當他最終還是決心執行原計劃的時候，日方已與第三家同行企業正式簽訂了合作協議。原來這是兩家同行企業設下的圈套，利用他的猶豫心理，坐收漁利。

生意成功後也要冷靜

公司的不斷壯大通常是因爲經營者經營得法且時機運用得當的緣故。有些老闆最大的缺點是在經營過程中因爲成就而自我陶醉沖昏了頭腦，這樣導致失敗的例子古今中外都很多。對於這種情況應採取如下的方法：

1、將自己取得的全部成就，包括自己的所得、聲譽、地位等等一律以七折至八折來計算。通俗一些說，比如今年賺了五十萬元，自己要把它看成只賺了三十五萬元，這樣做有若干個好處。最大的好處是將敵者的妒恨減弱，同樣也就壓抑了自己的自滿，在這個雙重有利的情勢下，便容易使來年取得更大成績。

2、禁止把自己所得到的成績任意誇大、大談特講，這樣你會如芒刺在身，長久下去終究會造成很大的心理壓力，包括有朝一日被人戳穿，難以下台。

3、時刻不忘記錄自己的失敗之處。儘管公司發展很快，但小的錯誤總是在所難免。企業老闆可以透過記錄經營中的失敗之處的方法來提醒自己正確經營。

4、將可能避免經營錯誤的經營法則以制度方式記錄下來，以備改正。凡涉及公司成敗，無論大小事都要白紙黑字地記錄下來，拿制度來保障作出的承諾。

有些老闆在理性上來講願意避免失誤，也認爲健全制度是正確恰當的處理方法。然而，事實卻往往很難盡如人意，經商中有許多交往，生意裡面包含的很多細則，並不是每一項都能夠列表記錄下來的。因此，一旦小有成功就忘乎所以，這樣就容易導致經營失敗。

如果作爲經營者不注意以上原則，就會狂妄自大，並埋下經營不善的隱患，所以，爲了避免這種情況，在眾多的行業中，商人們都擁有許多經驗並將其形成某些特定法則代代相傳。公司經營者一定要能夠及時吸收這些寶貴經驗，以爲自己所利用。而不應狂妄自大，反常理而行之。

下面的幾條法則可供公司經營時參考：

1、在商場上有了一個新主意，自己一旦想到就要立即行動，毫無保留地實行，並貫徹始終。如果稍有遲疑，或者是在貫徹時有一點疏漏，在分秒必爭的環境中很容易錯失良機。

2、利用借貸進行投資，投資性資產的價值一定要有所增加才行，而借貸的數額則會減少，因此投資淨額會越來越多，否則就不是好投資。

3、貨如輪轉在商場上是決勝原則。手上的貨物一定要有出有入，才可能會有盈利產生。當然一旦購買的商品是房屋、股票等等之後，可以一動不動，積聚下來，日子一長就有可能升值，這就是常講的長線投資。

4、生意不一定要獨家經營。合作有許多好處，一個人終有所短，兩個人便可以相互彌補，各人都貢獻出自己的優點，以彌補對方的不足。

5、世界上只有買錯的買家，絕對沒有賣錯的賣家。在商業經營中，作爲賣家應懂得根據市場的變化及時清除手頭的存貨。今天便宜一半出售一些貨物，表面上有些虧損，實際上能運用那一半錢做其他用途，而這其他用途每分每秒可以爲他帶來比把錢存放在貨物上更大的利益。相反，買方把貨物付錢承受下來，除非該物能立即發揮相當用途，使買家實際受益，否則他是眞正綁死了一筆現款，數目多少並不重要，關鍵在於這筆錢徹頭徹尾成了動彈不得的呆帳，再少的損失也是損失。

掌握新知識

偶然的成功，支撐著某種必然的因素，那就是一個生意人本身的素質。作爲一名現代生意人，要想使自己所從事的事業取得新的成功，就要加強自身的修養，不斷掌握新知識，努力使自己成爲「全才」。

自從人類創造了語言，發明了文字，抄成或印成了書，書就成了傳承文化的重要載體。人類要生存下去，文化就必須傳承下去，因而書也就必須讀下去。特別是在當今科技飛速發展和資訊爆炸的時代中，生意人必須及時掌握最新知識和得到資訊。只有這樣，才能確保生意的順利進行，否則將適得其反。那麼，怎樣才能掌握新知識和得到資訊呢？看能得到資訊，聽也能得到資訊，而讀書仍然是掌握新知識的有效途徑和重要的資訊源，所以生意人要想永保不衰，就非讀書不可。

二十世紀八〇年代初期的攤商熱、販運熱、股票熱、外商熱、房地產熱，第一輪機會已過，現在都成了別人壟斷的地盤。第二輪機會，可說是知識資產熱，「誰有知識資產誰賺錢」。

英國人推銷商品靠知識，先打攻心戰，方針是：「先贈刷子後賣漆。」在生意人所賺取的財富中，知識資產的比重與日俱增。在一些知識密集的行業中，利潤則主要來自生意人的知識資產。

把握時代脈搏，這的確需要有識之士的慧眼。未來的生意場，絕不是低文化結構的人所能賺大錢的時代！

不讀書，不掌握新知識，不提高自己的知識資產照樣可以靠吃「老本」瀟瀟灑灑過日子，乃是前幾年不少靠某種「機會」發財致富的生意人的心態。不錯，許多成功生意人所賺的錢，如果不再尋求發展，而是放在銀行吃利息的話，恐怕幾輩子也吃不完，這樣的話，就算不用費力去掌握新知識，也可能醉生夢死、吃喝玩樂，但這樣的生活與行屍走肉又有何異？如果他們不甘寂寞，幻想著當年的「好運」會再次光顧時，很可能由於缺乏必要的知識，而將自己辛辛苦苦賺來的老本也給「砸」進去。到那時，再後悔跺腳已是晚矣！

對於生意人來說，知識面越廣越好，得到的資訊越多越好，否則很容易變成鼠目寸光的人。鼠目寸光不但不利於自己生意的發展，也很難在競爭激烈的生意場立足，最終只能爲大時代所拋棄。

有些老醫生，自從出了醫科學校之後，診病下藥無不用老法子，於是漸漸步入沒落之途了。他們明明應該把門面重新漆一漆了，明明應該去買些新發明的醫療器材及最近出現的著名藥品了，但他們都捨不得花錢。他們從不肯稍微抽出些時間來看些新出版的刊物，更不肯稍費些心機去研究、實驗種種最新的臨床療法。所施用的診療法，都是些顯效遲緩、陳腐不堪的老套，所開出來的藥方，都是不易見效的、人家不願再用的老藥品。他們一點也沒留意到，在診所附近早已來了一位青年醫生，已有了最新的完善設備，所用的器材無不是最新的一種；開出來的藥方，都寫著最新發明的藥品；所讀的都是些最新出版的醫學書報，同時診所的擺設也是新穎完美的，病人走進去看了都很滿意。於是老醫生的生意，漸漸都跑到這位青年醫生那裡去了。等到他發覺了這個情形，已經悔之不及。「不進步」使他失敗下來，沒人過問了。

要有失敗的心理準備

市場風雲多變，誰也沒有「百戰百勝」的絕對把握，就連那些老手也常常出現一些失誤，甚至失敗，何況剛剛涉足商場、白手起家、初創事業者呢？失誤、失敗並不可怕，關鍵在於如何從失敗中奮起，反敗爲勝。在商場跌倒了要爬起來，才算好漢，爬不起來，恐怕就會掉在債坑裡，更不用說賺錢發財了，而且將越陷越深，不能自拔。

在市場經濟的大潮中，敗軍之將，可以言勇。經營者一走上市場，都想發家致富、賺錢發財，但變幻莫測的市場上，任何經營者不可能總是十分順利，都有失敗的時候，那麼，一個眞正的經營者不應該被失敗嚇倒，而應該從失敗中總結經驗教訓，繼續進行自己的事業，那麼就一定會取得成功。

要有失敗的心理準備，以自己的安定、鎮靜來應付競爭對手的喧嘩和失敗的襲擊，這是一種很高明的謀略。

當失敗不期而至時，令人震驚、驚慌，驚慌使人失措，失措則亂中添亂，如雪上加霜，其結果只能走向更大的失敗。一個企業的負責人若被失敗嚇昏了頭腦，那麼就談不上組織有效的反敗爲勝之策，本來可以好好利用的力量也無法形成一個整體，一盤散沙自然抵擋不住來勢洶洶的洪流，手足無措之中，未經細細思索，拿不出切實可行的應付方法，失敗就如同滾雪球，越滾越大。

一旦面臨危機、遭受失敗，無論影響有多麼嚴重，都要正視現實。應該說，危機與失敗對人的心理衝擊往往是很強烈的。商家面對危機與失敗的第一個考驗就是對心理衝擊的承受力。據心理學家分析，人在遭受挫折打擊的時候，常見的心理包括震驚、恐懼、憤怒、羞恥、絕望等。這些都是極爲不利的心理因素，如果陷於心理挫傷的泥坑裡不能自拔，那就會在失敗中越陷越深，以致走向毀滅。所以，要警惕這些失敗心理的影響。面對危機與失敗，要有正確的認識和健康的心理。

宋朝的蘇軾在《留侯論》中說：「天下有大勇者，猝然臨之而不驚，無故加之而不怒。」也就是說，在事變突然降臨時，總是不驚慌失措，對於無故而來的侮辱，也不會大發脾氣，能夠自制自強，控制自己的驚恐和憤怒，這才是大智大勇的體現。古往今來，許多政治家、軍事家、企業家、謀略家都把處驚不變、鎮定持重視爲修養的重要內容。

面對危機最重要的是要保持沉著冷靜，處變不驚。古人說「安靜則治，暴疚則亂」。如果心裡先慌了，那麼行動必然要亂。只有冷靜沉著，才有可能化險爲夷，轉危爲安。

在印度一家豪華的餐廳裡，突然鑽進一條毒蛇。當這條毒蛇從餐桌下游走到一個女士的腳背上時，這女士雖然感到了是一條蛇，但她未慌亂，而是一動不動地讓那條蛇爬了過去。然後她叫身邊的服務生端來一盆牛奶放到了開著玻璃門的陽台上。一位一起用餐的男士見此情景大吃一驚。他知道，在印度把牛奶放在陽台上，只能是引誘一條毒蛇。他意識到餐廳中有蛇，便抬眼向房頂和四周搜尋，沒有發現。他斷定蛇肯定在桌子下面。但他沒有驚叫著跳起來，也沒有警告大家注意毒蛇。而是沉著冷靜地對大家說：「我和大家打個賭，考一考大家的自制力。我數三百下，這期間你們如能做到一動不動，我將輸給你們五十披索。否則，誰動了，誰就輸掉五十披索。」頓時，大家都一動不動了，當他數到二百八十下時，一條眼鏡毒蛇向陽台那盆牛奶遊去。他大喊一聲撲上去，迅速把蛇關在玻璃門外。客人們見此情景都驚呼起來，而後紛紛誇讚這位男士的冷靜與智慧，如果不是這一招，此間肯定有不少人的腳要亂動，只要碰撞到眼鏡蛇，後果便可想而知了。他笑著指指那位女士說：「她才是最沉著機智的人。」

這個故事中的女士和男士很值得我們商家學習。當商戰中面臨危局的時刻，同樣需要這種沉著冷靜的心理品質。人在危急時容易恐懼、緊張、行爲失措。而一旦冷靜下來，你的智慧就會「活轉」起來，幫你尋找到擺脫危機的辦法。

要做到沉著冷靜，就要擺脫和消除面對危機而產生的不安、焦慮、緊張的情緒。混亂和捉摸不定以及缺乏駕馭局面的自信心，是引發焦躁的原因。所以，要擺脫焦躁的方法就是認清危機情勢，找到解決辦法，強化心理素質。

經商是一項充滿風險的事業。在創業的過程中，事事如意、樣樣順心的情況是罕見的。事實上，逆境多於順境，失敗、挫折和打擊常常伴隨著你。逆境不可怕，可怕的是你被困境所嚇倒，從此一蹶不振。

「疾風知勁草，歲寒見松柏。」作爲一名精明的老闆，在身處逆境之際，能經得起暴風雨的襲擊，然後冷靜地分析周圍，認識自己，進而重整旗鼓，以達到東山再起的目的。

小公司最喜歡的是「無心插柳柳成蔭」；最忌的是「有意栽花花不開」。公司及家庭內部要安寧、無後顧之憂。俗語所謂「家和萬事興」，自有其道理。

對人誠懇，做事負責，「多結善緣」，自然多得人幫助。淡泊明志，隨遇而安，不作非分之想，心境安泰，必少許多失意之苦。謙虛謹愼，戒驕戒躁，所謂持盈保泰的思想，雖有點消極，卻可少些失敗的危險。

如果理解以上各點，還怎麼會感到厄運臨頭、終日惶惶的呢？同樣的社會環境、市場條件，爲什麼有的成功、有的失敗呢？可以說失敗者是自尋的。

一位企業家，在失敗的環境中，要做到頭腦冷靜，就應該努力提高自身素質：

1、要有應付失敗的心理準備。

2、努力學習，不斷提高自己在大風大浪中搏擊的能力。

3、不能被失敗摧垮意志，自己嚇唬自己，以至於杯弓蛇影，草木皆兵。

4、要有相當的耐心，不僅是忍辱耐苦，更重要的是要在心理上戰勝自己，保持良好的競技心態——神態自若，臨變不亂。

李嘉誠金言：古老的生意人有句話，「未購先想賣」，這就是我的想法。當我購入一件東西，會做最壞的打算，這是我在百分之九十九的交易前做的事情，只有百分之一的時間，是想會賺多少錢。

信守承諾

你不要輕易許諾，許了諾言要守信，你要給人一種遵守諾言的印象，這樣，你的產品與服務便會大暢銷且事事周到。

信守諾言是人們的美德，但是有些人在生意上經常不負責地許各種諾言，卻很少能遵守，結果毫無必要地給別人留下惡劣印象。如果你說過要做某件事情，就必須辦到；如果你辦不到，覺得得不償失，或不願意去辦，就不要答應別人，你可以找任何藉口來推辭，但絕不要說「我試試看」。如果你說試試看而又沒有做到，那麼你給對方留下的印象就是，你曾經試過，結果失敗了。

你的信用能否給予顧客良好的印象？你是否信守自己的諾言？你是否輕易地允以承諾？你是否值得他人委以重任？你是否總是忘掉別人委託之事？當顧客打聽你們公司產品狀況時，你轉達了多少次錯誤資訊？或是顧客向你打聽公司的樣品，或關於宣傳方面的材料，你是否多次提供不實的材料？

要信守約定說起來很簡單，做起來卻相當困難，你只要稍有疏忽，就可能無法赴約。有時候你認爲別人可能不需要你的服務，如果這種自我安慰的想法讓別人知道了，就會讓別人覺得你是個懶人。

而且你可能也有僥倖心理，以爲顧客能原諒自己，你這種怠惰的心理讓人一看便明白了。所以，在服務時，千萬別輕易許諾，許了諾，便一定要遵守，顧客會爲你的態度所打動，他們認爲你是一個守信者，從而會信賴、依靠於你，你在生活中便會戰無不勝，攻無不克。

一個人的信用越好，不論在生活上或是工作上，就愈能成功地推銷你的服務。要應對的客人愈多，你的服務推銷就做得愈好。

所以，你必須重視自己所說的每一句話，生活總是照顧那些講話算數的人，食言則是最不好的習慣，你必須改變自己的缺點，成功地推銷自己。

不管所推銷的產品是哪一種，不管用的推銷策略如何，但你總要對自己所說的話負責，用自己的行動去說服顧客的異議，讓他們親眼看到你所做的都是爲了他們的利益，爲了遵守諾言，你可以放棄其他，給人一個可信的面孔。

你推銷服務或產品有沒有遵守這種美德？如果以前沒有，請從現在開始！

產品的銷售，需要成功的廣告和宣傳手段，但最能打動人心、最受顧客歡迎的還是你那可靠、守信的服務態度和售後服務。

信譽不可用金錢估量

在企業所必備的經營發展條件中，信譽是最重要的。對於「信譽就是生命」這種說法，李嘉誠始終採取贊同的態度。他認爲：「信譽是不可以金錢估量的，是生存和發展的法寶。」而經過數十年的企業經營實踐，李嘉誠對此篤信不移。

想當年，長江公司的塑膠花牢牢占領了歐洲市場，營業額及利潤成倍增長，到一九五八年，長江公司的營業額達一千多萬港元，純利一百多萬港元，李嘉誠因此贏得了「塑膠花大王」的稱號。爲了發展自己的塑膠事業，他的下一個目標，就是將塑膠花產品推向北美，進一步擴大國際市場。美國和加拿大是發達的資本主義國家。尤其是美國，人口眾多，幅員遼闊，消費水準極高，占世界消費總額的四分之一。在此之前，李嘉誠陸續承接過香港洋行銷往北美的塑膠花訂單，但這純屬小打小鬧，遠不是他所期望的。爲此，李嘉誠主動出擊，設計印製精美的產品廣告畫冊，透過港府有關機構和民間商會了解北美各貿易公司地址，然後分寄出去。

沒多久，果然有了回應。北美一家大貿易商S公司，收到李嘉誠寄去的畫冊後，對長江公司的塑膠花彩照樣品及報價頗爲滿意，決定派購貨部經理前往香港，以便「選擇樣品，考察工廠，洽談入貨」。

李嘉誠收到來函，立即透過人工轉接的越洋電話，與美方取得聯繫，表示「歡迎貴公司派員來港」。交談中，對方簡單詢問香港塑膠業的大廠家，提出：若有時間，希望李先生陪同他們的人走訪其他廠家。

這家公司是北美最大的生活用品貿易公司，銷售網遍布美國和加拿大。機會千載難逢，但還不敢說機會非長江一家莫屬。對方的意思已很明顯，他們將會考察香港整個塑膠行業，或從中選一家作爲合作夥伴，或同時與幾家合作。

這將又是一次競爭，比信譽，比品質，比規模，鬥智鬥力，方能確定鹿死誰手。李嘉誠的目標，是使長江成爲北美S公司在港的獨家供應商。他自信產品品質是全港一流的，但論資金實力、生產規模，卻不敢在本港同業稱老大。與歐洲批發商做交易，既是李嘉誠的勝利，也為他帶來教訓，有限的生產規模，險些使李嘉誠的希望落空。

時間給予李嘉誠只有短暫的一週。李嘉誠召開公司高層會議，宣布了令人驚愕而振奮的計畫：必須在一週之內，將塑膠花生產規模擴大到令外商滿意的程度。

這一年，李嘉誠正在北角籌建一座工業大廈，原計劃建成後，留兩套標準廠房自用。現在，他必須另租別人的廠房應急。為了搶時間，他委託房產經紀商代租了一套占地約一萬平方英尺的標準廠房。遷廠所涉資金，除自籌的部分，大部分是銀行的鉅額貸款——他以籌建工業大廈的地產作抵押。

這是李嘉誠一生中，最大最倉促的冒險。他孤注一擲，幾乎是拿多年營建的事業來賭博。李嘉誠一生作風穩健，但這一次，他別無選擇，要麼澈底放棄，要麼全力拚命。

無法想像一週之內形成新規模難度有多大。舊廠房的退租，可用設備的搬遷，購置新設備，新廠房的承租改建，設備安裝調試，新工人的培訓及上線，工廠進入正常運行……都得在一週內完成，一道環節出問題，都有可能使整個計畫前功盡棄。

李嘉誠和全體員工一起奮鬥了七個晝夜，每天只有三、四個小時的睡眠。李嘉誠緊張而不慌亂，哪組人該做什麼，哪些工作由安裝公司做，以及每一天的工作進度，全在日程安排表中標得清清楚楚。就這一點可見李嘉誠的冒險，並非草率行事。

就在外國公司購貨部經理到達那天，設備剛剛調試完畢，李嘉誠把全員上線生產的事交予副手負責，然後親自駕車去啓德機場接客人。

李嘉誠已爲外商在港島希爾頓酒店預訂了房間。在回程的路上，李嘉誠問外商：「是先住下休息，還是先去參觀工廠？」外商不假思索答道：「當然是先參觀工廠。」

李嘉誠不得不調轉車頭，朝北角方向駛去。他心中忐忑不安，全員上線生產會不會出問題？汽車駛近工業大廈，李嘉誠停下車爲外商開門，聽到熟悉的機器聲響以及塑膠氣味，心裡才踏實下來。

外商在李嘉誠的帶領下，參觀了全部生產過程和樣品陳列室，感到非常滿意。從此，這家北美公司就成了長江工業公司的大客戶，每年來的訂單都數以百萬美元計。並且通過這家公司，李嘉誠獲得了加拿大帝國商業銀行的信任，日後發展爲合作夥伴關係，進而爲李嘉誠進軍海外架起一道橋樑。

塑膠花爲李嘉誠帶來數千萬港元的盈利，長江廠成爲世界最大的塑膠花生產廠家，李嘉誠「塑膠花大王」的美名，不僅蜚聲全港，還爲世界的塑膠同行所側目。

不可專謀一己之私

所謂私心無人不有，但能夠克制私心則實屬不易。特別是在一個人的成功已經達到頂點的時候，如果要謀一己之私，雖然不過是舉手之勞，但卻能以大眾的利益爲重，這樣的境界恐怕也只有像李嘉誠這樣的人才擁有。

二十世紀八〇年代，漂泊外鄉四十餘年的李嘉誠，十分懷念自己的故鄉，懷念自己呱呱落地的祖厝。在這塊美麗而神奇的土地上，盛開了許許多多美妙動人的傳說，成長了許許多多領盡風騷的人傑地靈。正是這塊土地，這些傳奇，孕育了他五彩繽紛的夢幻，充實著他玫瑰色的童年時候，豐滿著他綠茵般的少年時代。無論如何，李嘉誠都無法忘懷他兒時度過的歡樂時光，他所眷念的小書房，而且，隨著時間的推移，李嘉誠重修祖厝，恢復家園的心願愈來愈強烈。一九七九年籌建「群眾公寓」時，家鄉政府部門提出「優先安排其親屬入居」的建議，李嘉誠堅決反對，他在給家鄉的信中說：「本人深覺款項捐出，即屬公有，不欲以一己之關係妨礙公平分配。」

在修復祖厝的問題上，李嘉誠小心謹慎的態度，以大局爲重的處理方法無不再現出他的過人之處。

平心而論，極富愛心、孝心的李嘉誠，何嘗不希望有一個優雅的居住環境，修復一座寬大舒適的祖厝，一則解決族人的居住問題，也能節省「群眾公寓」之分配單位，更多地安排其他缺房戶；二則聊表本人始終追念先祖之願。

並且，家族內也有親屬提出原有祖厝面積過於窄小，族人居住多有不便，強調這樣的祖厝既與李嘉誠今日在香港之顯赫地位不相稱，又無法更完美地紀念李氏先祖之功德，紛紛希望擴大祖厝原有的面積。

中國潮州市政府對李嘉誠祖厝的修復十分重視，積極配合並支援李嘉誠祖厝的擴建工作。

居住在面線巷的左鄰右舍鄉親們，在十分感激李嘉誠捐建「群眾公寓」的同時，由於並不安排族人入居，他們覺得擴建祖厝也是情理之中，自然對這件事表示理解與合作。人們從心理上乃至行動上都做好了搬遷讓地的準備。

狹小悠長的面線巷，收拾行囊準備搬遷的眾鄉們等候著一聲令下的李嘉誠。這是一次「德」與「孝」的撞擊，然而李嘉誠並沒有這樣做。從小飽讀儒家經典，擇其德善而處世爲人的李嘉誠，對這個問題考慮得更全面、更深遠，他不論窮前富後，都十分注重陶冶自己的性情，不斷完善自己。

在認眞思考之後，李嘉誠決定不擴大面積，打算就在原有面積的基礎上建造一棟四層樓房，以供族人居住。他給那些深表疑慮的親屬解釋說：「雖然目前要拿多少錢，擴充多大的面積都不是問題。但是要想一想，這樣做的後果必然會影響到左鄰右舍的切身利益，我們不能拿鄉親們的祖厝來擴充自己的祖厝，絕對不可以以富壓人，招致日後被人指責。」一個人對自己的私利能夠放到這樣的角度去認識，特別是對一個傳統觀念濃厚的商人來說，在情況十分有利於自己的形勢下卻作出這種決定，這種行爲無疑是十分高尚的。

恰當顯示身分

你表現出來的形象，應既是一個老闆，又是一個普通人。

管理者的位置決定了你應該與眾不同。你的員工應當尊重你，信任你，得到你的支持。你的員工也期待你對一些難題作出決策，去解決實際問題。他們期望你像個管理者，因此，老闆應當在員工中表現自己的身分。

你應當注意自己的表現方式，注意你的穿戴會給其他人帶來的影響。不要以爲員工不會注意你身上的領帶、蓬鬆的頭髮和發皺的衣服，他們會注意的，他們會最先注意你的這些不佳的穿戴方式。老闆應時刻牢記，員工們會根據你的外表、言語和行動來決定對你的態度。因此，老闆要注重自己的衣著、外表，來顯示出自己相對應的職位。

當然更重要的是表裡如一。外表是哄不住他人的，不要以此來虛張聲勢。老闆表現出的老闆派頭不僅指你的穿著，還包括你說話的氣勢，更重要的是你的處事方式。

老闆的身分可以從許多方面得到體現，如走路、說話、微笑、眼神、腔調、辦公室的環境、對日常細節的注意、對待危機問題的反應等等。你也許有一個精明的頭腦，但不一定非得透過一種老闆姿態表現出來，這樣會疏遠員工。你也許是人們想像的那種眞誠待人的人，但如果你臉上堆了過多的微笑，似乎又令人難以信任。你走起路來箭步如飛，員工就無法跟上與你交談。你也可能說話太慢，人們難耐其煩地等著聽你的要點。你可能在遭受壓力時拍桌摔椅，或者疲倦時怒氣大發。也許你充滿信心而員工卻對你失去信心，因爲你似乎從未聽取他人的意見，總以爲自己是對的。因此，作爲老闆，你要隨時意識到自己的言行對他人的影響。

老闆要避免作出一些讓人對你失去信心的行爲。你必須完全控制自己。那些過分控制自己的人往往與人疏遠。但作爲一個人，必須具有較強的自我意識，要意識到自己看起來怎樣，做起來怎樣，以及對人的影響怎樣。員工會根據每一個微小的事情來判斷你。當你走出辦公室時，如何與員工招呼。你如何接聽電話，如何回復來信。作爲老闆，你應盡力培養出一種完整的意識，表明你是怎樣的人，並向員工傳遞這些資訊。

老闆也應注意自己是個普通人。當你表現自己時，一切都應隨意自如，與自己老闆的身分相一致。

是員工養活了公司

一般常理，公司員工總是對老闆感恩戴德，認爲是老闆給了他們飯碗。但李嘉誠卻不這麼看，他指出，是員工養活公司。

有一件事感人至深。那是七〇年代後期，香江才女林燕妮爲她的廣告公司租場地，跑到長江大廈看樓，發現李嘉誠仍在生產塑膠花。此時，塑膠花早過了黃金時代，根本無錢可賺。長江地產業當時的盈利已十分可觀，就算塑膠花有微薄小利，對長江實業來說，增之不見多，減之不見少。但卻仍在維持小額的塑膠花生產，林燕妮甚感驚奇，說李嘉誠「不外是顧念著老員工，給他們一點生計」。而公司職員也說，「長江大廈租出後，塑膠花廠停工了。不過，老員工亦獲得安排在大廈裡做管理事宜。對老員工，他是很念舊的。」有人提起李嘉誠善待老員工的事，說：「怪不得老員工都對你感恩戴德。」李嘉誠回答說：「一家企業就像一個家庭，他們是企業的功臣，理應得到這樣的待遇。現在他們老了，作爲晚一輩，就該負起照顧他們的義務。」

當有人說，「李先生精神難能可貴，不少老闆待員工老了一腳踢開，你卻不同。這批員工，過去靠你的廠養活，現在廠沒有了，你仍把他們包下來。」這時，李嘉誠急忙解釋道：「千萬不能這麼說，老闆養活員工，是舊式老闆的觀點。應該是員工養活老闆、養活公司。」

「可以毫不誇張地說，一個大企業就像一個大家庭，每一個員工都是家庭的一分子。就憑他們對整個家庭的巨大貢獻，他們也實在應該取其所得，只有反過來說，是員工養活了整個公司，公司應該多謝他們才對。」

「對我自己來說，股東相信我，我能為股東賺錢則是應該的。我一向這樣想：雖然老闆受到的壓力較大，但是做老闆所賺的，已經多過員工很多，所以我事事總不忘提醒自己，要多為員工考慮，讓他們得到應得的利益。」

商人皆為利來，只要賺錢。商人不是慈善家，工廠沒有效益，關閉是無可厚非的。都說商場是無情的。李嘉誠卻化無情為有情，上演一幕動人的人情戲。李嘉誠「是員工養活老闆、養活公司」的觀念也值得我們深思，給予我們教益。

不過，李嘉誠善待下屬絕不是盲目的，在為他們利益著想的同時，李嘉誠「嚴」字當頭。李嘉誠說：

「我們所有的行政人員，每個人都有他的職責，有他自己的消息來源，市場資料，當我們決定一件比較大的事情就派上用場了。我自己在外面也很活躍，也可以搜集到不少市場訊息。決定大事的時候，我就算百分之一百清楚，我也一樣召集一些人，匯合各人的資訊一齊研究，因爲始終應該集思廣益，排除百密一疏的可能。這樣，當我得到他們的意見後，看錯的機會就微乎其微。這樣當各人意見都差不多的時候，那就絕少有出錯的機會了。」

「我很不喜歡人說些無聊的話，開會之前，我曾預先幾天通知各人準備有關資料。到開會時，他們已經預備了所有的問題，而我自己也準備妥當。所以在大家對答時，不會浪費時間，因爲如果你想精簡，而你的下屬知道你的想法，也就能夠作出好的配合，從而提高辦事效率。」

處理工作與休息的祕訣

古人講：「一張一弛，文武之道也。」身處競爭激烈的商海，每一位創業者都是上緊發條的鐘錶。但是應該記住的是：弦繃得太緊，是會斷的，注意工作中的調節與休息，不但於己健康有益，對事業也是大有好處。

曾經有很多創業者，總是強迫自己無休止地工作。他們對工作沉迷上癮，正如人們對酒精沉迷上癮一樣，他們被稱之為「工作狂」。他們拒絕休假，公事包裡塞滿了要辦的公文。如果要讓他們停下來休息片刻，他們也會認為純粹是浪費時間。這些人都成功了嗎？沒有，他們之中很多人不但沒有成功，相反使自己身心交瘁，有的甚至疏遠了親人，造成家庭的破裂。

確實，事業的成功是很重要的，但如果為此而犧牲了健康和家庭，也是很遺憾的。在現代商業競爭中一個成功的創業者會合理安排時間，注意有張有弛。他們注重各種形式的鍛鍊，以保持旺盛精力去應付艱巨的商戰。他們也注意給自己留出與家人共用天倫之樂的時間。可以說這才是一個現代創業者的生活方式。

譬如說，在忙完了一天的工作之後，創業者在心理和體力兩方面都需要擺脫一下工作，但他卻經常將公事包帶回家繼續挑燈夜戰，這只會產生反效果，使之越來越沒有精力在白天處理好事務。而且也會使他減低在辦公室裡把工作做完的衝勁，因為他會想：「如果白天做不完，我可以在晚上繼續。」久而久之，就會養成一種拖延的毛病。

因此，「上班事，上班畢」。除非有緊急的事務，不然，就不必把工作帶回家。你將享有一段舒適的晚間休息時間和一晚上與家人同樂的美好時光，這將是一件非常美妙的事情！

當一個人工作太久了，疲憊和壓力就會產生，厭煩也逐漸侵入，這時如果不改變一下工作的步調，很可能會造成情緒不穩定、慢性神經衰弱以及其他的毛病。這時需要調節一下。調節不一定需要休息，從腦力勞動轉換去作幾分鐘體力勞動，從坐姿變爲立姿，繞著辦公室走一兩圈，都可以迅速恢復精力。

成功的創業者各有各的休息和保持健康的方法。舊金山全美公司的董事長約翰·貝克每天堅持晨泳和晚泳，還經常抽空去滑雪、釣魚以及打網球；包登公司的總裁尤金·蘇利文養成每天走過二十條街去他的辦公室的習慣；聯合化學公司董事長約翰·康諾爾偏愛原地慢跑，一直保持著標準體重。總之，每一位創業者都可以像他們一樣尋找一種最適合自己的鍛鍊方式，透過一些低強度但又十分有效的形式使自己保持充沛的精力和敏銳的思維，這無疑是現代創業者的選擇。

另一方面，人類的心靈需要安靜、獨處與平和的時間，以利於忘記競爭的壓力。創業者們不妨在自己繁忙的時間表上，安排幾分鐘或十幾分鐘靜坐默想的時間，以獲得內心的平靜，讓自己擺脫競爭的忙亂和工作的壓力，退一步向前看看自己究竟在做什麼。日本一些成功的創業者都很懂得這一點，富士重工副社長宮地哲夫喜歡每天早晨都念經，他說：「念經能安神，任何疲勞都可以忘記。」而北海道電力公司前會長中野友雄獨處時則喜歡大聲唱歌謠，他甚至堅持了四十年。北海拓殖銀行會長鈴木茂則愛唱歌謠，他說：「從腹底發出聲音，可忘記煩惱和壓力。」

另外，小睡也是一種有效的休息和恢復精力的方法。小睡與正常睡眠不矛盾，它因人而異。睡眠以能恢復體力即可，不可貪睡；而白天的小睡則是一種既不多占時間又能有效地恢復體力的休息方法。

享受健康的人生

一個眞正成功的老闆應當過一種「健康」的人生。「健康」的人生，顧名思義，就是要活得健康。做老闆，的確是有錢、有權、有事業，似乎樣樣都眞的值得讓別人羨慕了。可是老闆們自己心中要清楚，所謂「名」「利」皆爲身外之物，多一點少一點無傷大雅。但是身體是自己的，沒有一個好的身體，空有那麼多的錢，那麼大的公司，又有何用？

有句俗語說：「賺得到，吃不到」，就是指有一些有錢的老闆沒有好身體，無福享受，讓人唏噓不已。

過「健康」的人生，還包含了要擁有一個健康的、積極向上的生活態度和一個健全的、懂得自我享受和自我調節的生活心態。只有在身體和精神兩個方面都很健康的人，才能說是過著一種眞正「健康」的生活。

老闆們首要的目標是賺錢獲利，可是另一方面老闆們要認識到：辛苦得到的錢無非要使自己的生活過得更好一些。而活得好，就要保證體質要好，保持一個強健的體魄；同時精神要好，有旺盛的精力。身體是生命的本錢，是財富的源泉。因此要依靠一個良好的身體去賺錢，以賺來的錢養好一個健康的身體，再用一個好身體去賺更多的錢。形成這樣的一個良性循環，才是上策。

要過健康的生活，首先就要身體健康。那麼，除了多加鍛鍊以外，老闆們就要學會去避免「取死之道」，也就是說要避免縱慾過度，要適度娛樂。

當老闆，應酬是免不了的，但可以高雅一些，不必整天肉山酒海、歌舞昇平。適當地尋求刺激是可以的，但是吃、喝要適度，嫖、賭、毒要堅決避開。有過多少人，在賭場中傾家蕩產，一文不名；又有過多少人在荒淫後聲名掃地，鋃鐺入獄；更有過多少人吸毒吸得家徒四壁，妻離子散。這些慘痛的教訓讓人們認識到：當老闆，要學會避開一些過度的物質享受。

當老闆的要過一種健康的生活，就是要有健康的思想，以樂觀的態度去對待生活，笑品人生百味而面不改色。以平常心對待成功，即使是喜歡一件東西卻也不必刻意去追求它；以進取心對待失敗，哪怕是身受打擊卻要志氣更加高昂；對待下屬以信任心，要放心讓手下人施展才能；對待他人以博愛心，要堅信有付出終有回報。

李嘉誠金言：雖然老闆受到的壓力較大，但是做老闆所賺的錢，已經多過員工很多，所以我事事總不忘提醒自己，要多為員工考慮，讓他們得到應得的利益。

李嘉誠再談做人・做事・做生意（全新修訂版）

作　　者　王祥瑞

發 行 人　林敬彬
主　　編　楊安瑜
副 主 編　黃谷光
編　　輯　蔡穎如・王艾維
內頁編排　王艾維
封面設計　曾竹君・王艾維
編輯協力　陳于雯・曾國堯

出　　版　大都會文化事業有限公司
發　　行　大都會文化事業有限公司
11051 台北市信義區基隆路一段 432 號 4 樓之 9
讀者服務專線：（02）27235216
讀者服務傳真：（02）27235220
電子郵件信箱：metro@ms21.hinet.net
網　　址：www.metrobook.com.tw

郵政劃撥　14050529 大都會文化事業有限公司
出版日期　2016 年 8 月修訂初版一刷
定　　價　250 元
I S B N　978-986-5719-52-4
書　　號　Success-079

Metropolitan Culture Enterprise Co., Ltd.
4F-9, Double Hero Bldg., 432, Keelung Rd., Sec. 1, Taipei 11051, Taiwan
Tel: +886-2-2723-5216　Fax: +886-2-2723-5220
Web-site: www.metrobook.com.tw
E-mail: metro@ms21.hinet.net

◎《李嘉誠談做人・做事・做生意》系列，共計有：

1.《李嘉誠談做人・做事・做生意》，2008 年 8 月初版（已絕版）
2.《李嘉誠再談做人・做事・做生意》，2009 年 2 月初版（已絕版）
3.《李嘉誠談做人・做事・做生意 全集》，2011 年 10 月初版
4.《李嘉誠談做人・做事・做生意（全新修訂版）》，2016 年 3 月修訂初版
5.《李嘉誠再談做人・做事・做生意（全新修訂版）》，2016 年 8 月修訂初版

◎本書如有缺頁、破損、裝訂錯誤，請寄回本公司更換。

國家圖書館出版品預行編目 (CIP) 資料

李嘉誠再談做人做事做生意 / 王祥瑞著. -- 修訂初版.
-- 臺北市 : 大都會文化, 2016.08
256 面 ; 14.8×21 公分

ISBN 978-986-5719-52-4（平裝）
1. 職場成功法 2. 企業管理

494.35　　104008224

大都會文化　讀者服務卡

書名：**李嘉誠再談做人・做事・做生意（全新修訂版）**

謝謝您選擇了這本書！期待您的支持與建議，讓我們能有更多聯繫與互動的機會。

A. 您在何時購得本書：_____年_____月_____日

B. 您在何處購得本書：__________書店，位於__________(市、縣)

C. 您從哪裡得知本書的消息：

1.□書店　2.□報章雜誌　3.□電台活動　4.□網路資訊

5.□書籤宣傳品等　6.□親友介紹　7.□書評　8.□其他

D. 您購買本書的動機：（可複選）

1.□對主題或內容感興趣　2.□工作需要　3.□生活需要

4.□自我進修　5.□內容為流行熱門話題　6.□其他

E. 您最喜歡本書的：（可複選）

1.□內容題材　2.□字體大小　3.□翻譯文筆　4.□封面　5.□編排方式　6.□其他

F. 您認為本書的封面：1.□非常出色　2.□普通　3.□毫不起眼　4.□其他

G. 您認為本書的編排：1.□非常出色　2.□普通　3.□毫不起眼　4.□其他

H. 您通常以哪些方式購書：(可複選)

1.□逛書店　2.□書展　3.□劃撥郵購　4.□團體訂購　5.□網路購書　6.□其他

I. 您希望我們出版哪類書籍：（可複選）

1.□旅遊　2.□流行文化　3.□生活休閒　4.□美容保養　5.□散文小品

6.□科學新知　7.□藝術音樂　8.□致富理財　9.□工商企管　10.□科幻推理

11.□史地類　12.□勵志傳記　13.□電影小說　14.□語言學習（____語）

15.□幽默諧趣　16.□其他

J. 您對本書（系）的建議：

K. 您對本出版社的建議：

讀者小檔案

姓名：____________　性別：□男　□女　生日：____年____月____日

年齡：□20歲以下 □21～30歲 □31～40歲 □41～50歲 □51歲以上

職業：1.□學生 2.□軍公教 3.□大眾傳播 4.□服務業 5.□金融業 6.□製造業

7.□資訊業 8.□自由業 9.□家管 10.□退休 11.□其他

學歷：□國小或以下 □國中 □高中／高職 □大學／大專 □研究所以上

通訊地址：____________________

電話：（H）__________（O）__________　傳真：__________

行動電話：__________E-Mail：__________

◎謝謝您購買本書，歡迎您上大都會文化網站（www.metrobook.com.tw）登錄會員，或至Facebook（www.facebook.com/metrobook2）為我們按個讚，您將不定期收到最新的圖書訊息與電子報。

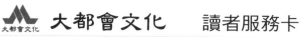

李嘉誠 再談

做人·做事·做生意

|全新修訂版|

北區郵政管理局
登記證北台字第9125號
免　貼　郵　票

大都會文化事業有限公司
讀者服務部　收

11051台北市基隆路一段432號4樓之9

寄回這張服務卡〔免貼郵票〕
您可以：
◎不定期收到最新出版訊息
◎參加各項回饋優惠活動